循環経済でゴミをお金に変えて儲ける方法

西田 純 Nishida Jun

エベレスト出版

まえがき

「西田さん、原稿にまえがきが見当たりませんが…」

編集者からの連絡を受けて、提出原稿を見直すと、確かにまえがきがありませんでした。

これは元々まえがきとして書いていた部分が熱を帯び、長くなったので「序章」というタイトルに変更したことによります。でもそれくらい、市場は熱気を帯びています。つい昨日も、新しく問合せを頂いたお客様との面談があったのですが、予定時間を大きく超えてしまいました。明日も、そして来週も、新規のお問合せに対応する面談が予定されています。コロナ以降は絶えてなかった状況です。

停滞する日本経済にあって、循環は残された数少ない成長市場です。

社会の負託に応える形で新たな価値創造が進むことの一助になれたら、という思いでこの本を書きあげました。

私と一緒に未来をのぞき見するような気持ちになっていただければ何よりです。

２０２４年８月

合同会社オフィス西田　チーフコンサルタント　西田　純

目次

序章

経済は循環化する

この本は、循環経済の主役を担うはずの、主に廃棄物や再生資源を扱う「静脈産業」の経営者に向けて書きました。

その理由は、少子高齢化や地方の衰退の影響で日本の経済構造が大きく変化する節目にあって、この業界が長年培ってきた経営方法が通用しなくなる危機が訪れると同時に、「失われた30年」の時代には望みえなかった新たな、そして大きなビジネスチャンスが視野に入ってきているからです。

そのキーワードは「広域化」「高度化」「脱炭素化」と企業による情報開示、すなわち「循環化」の促進です。

国は今年「資源循環の促進のための再資源化事業等の高度化に関する法律」を制定しました。この中で謳われているのが①再生資源安定供給のための広域化、②分離回収技術の高度化、③温室効果ガスの削減のための高効率な設備導入の3点を評価することです。

これを一言で言えば「循環化」の促進ということになります。今後、新規参入や合従連衡など、業界再編を含む様々な変化が次々と現れてきます。

事業環境で見れば、そのもっとも大きな変化は「脱炭素型都市鉱山の開発機会」という形で現れます。

つまり、**今までと同じやり方でじり貧となるか、それとも開発機会を捉えて大きく飛躍するかの分岐点に来ているということです。**

それが静脈産業の経営者にとって何を意味するのか、そして具体的に何をやればそのチャンスをモノにできるのか、本書では事例を交えて詳しく解説しています。

そもそも経済が「循環化」へとシフトする理由には、①気候変動対策の必要性、②資源枯渇対策としての更なる資源循環、③デジタルトランスフォーメーション（ＤＸ）による局所効率化の進展などが**（注1）**挙げられます（もっとあるかもしれませんが、この本を書いている段階で可視的に認識されているのはこのくらいです）。

注1　経済産業省が主宰する産官学の連携を促進するためのパートナーシップ「サーキュラーパートナーズ」では、「①環境制約、②資源制約への適応」に加えて「③成長機会、④地域住民のウェルビーイング実現」の４点をサーキュラーエコノミー推進の目的としています。

経済の循環化によってＣＯ２排出量が削減されること、資源枯渇問題への対策が取られること、さらにＤＸの進化により、物品を個別管理したり修理・メンテナンスを積極的に提供することに経済性が生まれること。

これらはいずれも長い間「まだもう少し先」の話であるかのように言われてきましたが、こと日本経済を見る限り、①の気候変動対策はかなり本気で取り組まれるようになってきています。

②の資源枯渇問題は、地域や市場によって状況も異なるので、「明日から鉄がなくなる」みたいな衝撃的な形で現れることはないと思いますが、金属の値段が上がってリサイクルが進むことに加えて、鉱物によっては良質な材料がリサイクルでないと集まらなくなることなどが起きてくる状況、と言えば想像できるのではないでしょうか。すでに銅線の盗難事件などが各所で頻発するようになっています。

③のＤＸについては、少し説明が必要かもしれません。エレベータや建機を含む産業機械ではすでに当たり前のように実現している、クラウドサービスを通じた販売後のトレーサビリティ（販売履歴の追跡）管理を通じて最適なメンテナンスや修理が実現し、ライフサイクルコストが低減されるという事例が一部のクルマや家電品にも波及しつつある状況のことです。

メルカリなどのフリーマーケットサービスまでを視野に入れると、ＤＸが実現してくれる「循環化」は、もうすでに私たちの暮らしを大きく変えている、とすら言えます。「再資源化高度化法」は、これらの変化を捉えて循環産業の振興を図るという意図を持った法律だと言えます。収益性が高い分野や、技術的応用性が見込める分野には、外部からの新規参入が発生するかもしれません。

静脈産業の立場で法改正を含むこれらの変化を具体的なチャンスに変えるためには、経済のシステムそのものが循環化へと大きく変化する中にあって、これまでと同じことをやっていたのでは全然間に合いません。

経済の循環化を進めるために、必要不可欠な取り組みが「動静脈連携」に代表される異業種とのアライアンスであることに疑問の余地はありません。求められるものは、それによって実現される価値の循環なのです。

ところが、動脈と呼ばれる製造業が「いつ、どのような材料をどれだけ欲しい」と考えるユーザーであるのに対して、リサイクルを司る静脈産業の側は「ここに、こんなリサイクル材がある」といった発想からなかなか脱却できずにいます。

東京大学の梅田靖先生は、前者を「ニーズプル型」、後者を「シーズプッシュ型」と呼んでそのギャップを指摘されていますが、この段差を乗り越えた者にしか循環化の機会は訪れないのです。

もはや自社の殻に閉じこもっていては話にならない時代になります。

静脈産業が循環の時代に生き残るには、ニーズプル型の市場要求に適合すること、端的に言って積極的な合従連衡を図るか、あるいは**技術開発やＤＸ化への対応などの変化を自らリードする覚悟が求められるのです。**

逆に言うと、それを先取りできないようではみすみすチャンスを放棄することになる、それくらい大きな変化なのです。

何故私がそう言い切れるのか、ここで少し私自身のバックグラウンドをお話したいと思います。


私は、大学を卒業した後に八年ほどサラリーマンを経験し、その後十六年ほど国連機関の職員として、各種の多国間環境条約に関わる機会を得ました。その後独立してコンサルタントをしているのですが、この履歴を一見して分かる通り、私は静脈産業で働いたこともなければ、それを支える業界に席を置いたことすらありません。

現場を見ても、設備の外見から能力を割り出したり、在庫品の重量や売価を概算したりする知識も経験もありません。静脈産業特有の業界慣習にも疎く、各種規制についてはいまだに良く知らない部分が残っています。

そのような私でも、一つだけよく見えていることがあります。

それは「この先、静脈産業を取り巻く世界や日本の経済がどのように変わってゆくのか」という、言ってみれば世界観に基づく確度の高い未来図みたいなイメージのことです。

そこで「循環化」は確実に進展します。

では、なぜ私には未来が見えるのか？その秘密は私が長年関わった「多国間環境条約」が国際社会、そして日本に対して持つ強い影響力にあります。

私も国連を離れてもう十五年になるのですが、ニュース番組などで関係する情報に接すると、国連組織やその運営方法がいまだに私がいた時代とほぼ全く変わらずに継続されていることを強く感じます（おそらく今後も、かなり長い間に渡って大きく変わることはないでしょう）。

そして、その影響力が１００％日本の国内政策に及んでいるという事実についても、ことあるごとに再認識させられています。

温室効果ガスの排出削減を求めるパリ協定が良い例ですが、今私たちが環境に関して直面している課題の多くは、元をただせばこれら「多国間環境条約」をはじめとする国際的な取り決めが各国に求める技術的・政治的貢献を、環境省や経済産業省が日本の国内向けに焼き直したものであることが多いのです（例外として、そもそも国内発の課題であった廃棄物問題があります）。

中央から自治体を通じて業界へと連絡されるプロセスの中で、その課題が実は国際条約に基づくという由来は次第に薄れ、あくまで「環境省・経産省」の要請である、というような味付けに変化してゆきます。とはいえ環境を巡る課題には厳然として「国際社会・国連の要請による」ものが多いという事実に変わりはありません。

その国連もまた、官僚組織の一類型であることに議論の余地はありません。何を言いたいかというと、たとえ時間はかかっても、合意された課題の解決に向けた議論は必ず尽くされ、そのうえで極めて強い継続性をもって実践されてゆくというその性質は、時代が変わってもほぼ全く変化しないということです。

フロンガス、ＰＣＢ（ポリ塩化ビフェニール）や水銀についてもそうでした。国際社会で条約を作る議論から、各国に対する削減義務の割り当てと具体的な削減の実施まで、おおよそ10～30年程度の時間軸の中で仕事が進んでゆくわけです。

日本では最近ようやく一山越えとなった感があるフロンガスの処理ですが、これなどが国際社会で取りざたされていたのは、およそ30～40年前のことでした。その後も条約による縛りは世界各国でしっかりと継続されています。

パリ協定の根拠となっている「国連・気候変動枠組み条約」も、発効後の締約国会合であるＣＯＰを30回近く重ねてきています。

これに先立つこと、１９８５年に国連環境計画・世界気象機関・国際科学会議が気候変動に関する国際会議を実施してからほぼ40年が経とうとしています。国際社会はそこから脈々と議論を続けてきているのです。


ことほど左様に、過去40年間にわたって国際社会が環境をどう論じて来たのか、時代とともにその議論がどう移り変わってきたのか、そしてその先に何が予見されるのか、平たく言えば今後世界がどちらへ向いてゆくのかを肌感覚として語れること、今の日本においてはそれが私ならではの強みになっているのです。

事実、コンサルタントとなって十五年あまり、定点観測的に見続けてきた欧州の動きや、国連そしてＳＤＧｓに関する議論など、そのほとんどは私が「おそらくこうなるだろう」と読んだ方向へと推移してきています。

中にはパリ協定に基づいた「２０５０年までに二酸化炭素排出を実質ゼロにするカーボンニュートラル」など、今後について予断を許さない政策課題も含まれます。

持続可能な形でカーボンニュートラルを実現するにはどうすれば良いのか。

一つの考え方として、経済全体の資源効率を引き上げて、より高度な形での資源循環を図ることが重要だという判断が成り立ちます。

私は良くサッカーに例えて話をするのですが、資源というボールを効率的に回す（循環）ことを考えたとき、中盤に強い会社が目立つ欧州の布陣に比べると、日本の中盤には強化すべき点が目立ちます。

中盤を担う資源リサイクラーは多くの場合企業規模が小さく、設備技術の面でも欧米の大企業に比べて近代化が進んでいない状況です。

経済全体の資源効率を上げるために全国規模で循環化を推進することによって、中盤の強化を図るという考え方はごく自然なものだと言えるのです。

その私が今、見ている日本経済の未来は、「循環化の進展」に尽きると言っても過言ではありません。前述のとおり、循環経済もしくは経済の循環化は、サステナブルな社会を実現するための切り札ともいえる政策だからです。もはやシーズプッシュだから難しいとか、そのレベルで議論していられる時代ではなくなるのです。

この本では経済の循環化にいち早く焦点を合わせて成功を掴みつつある企業の実例を複数紹介しています。そして、どうやればその考え方を取り入れられるのかについても詳しく解説しています。

特に脱炭素型都市鉱山の持つ力は強力です。パリ協定を巡る議論の中にも、再生資源の価値について注目する意見はしっかりと織り込まれており、欧州が環境価値基準を定めた「ＥＵタクソノミー」などさまざまな実践の仕組みにもその考えはしっかりと反映されています。

日本においても、令和五年度から経済産業省が始めたサーキュラーパートナーズと呼ばれる産学官連携の枠組みにおいて、経済の循環化に関する議論が深められようとしています。

あなたが何もしなくても、今後必ず経済の循環化は進みます。

その流れに乗ってビジネスチャンスを掴むのか、それを見送って停滞を選ぶのか、まさに今が意思決定のタイミングなのです。

恐竜とネズミのアナロジー

この話をするとき、私は良く「恐竜とネズミのアナロジー」を引き合いに出します。白亜紀からジュラ紀にかけて、恐竜は栄えました。間違いなくこの地球を支配していた生き物だったと思われます。

ところが、ジュラ紀になると白亜紀にはいなかった小さなネズミなどの哺乳類がその足元を走り回るようになります。恐竜にとってネズミはどうでも良い存在で、相変わらずシダやソテツを好きなだけ食べて我が世を謳歌?していたものと思います。

ところがある日、今では大型隕石によるもの、とされる気候変動が地球を襲い、その影響で恐竜は絶滅します。ネズミも被害を受けた可能性が高いと思いますが、ところが彼らは生き残り、哺乳類の時代が始まりました。

似たような話で、著述家の山口周さんがよく引き合いに出される「ベンツと自転車のアナロジー」というのがあります。

たとえば大規模災害発生直後のような混乱した環境では、ベンツが走れなくなった町を自転車で移動するのが最も速い、というものです。強いものが生き残るのではない、変化に対応して生き残るものが強いのだ、という格言も、スポーツの世界などでは良く引き合いに出されます。

大規模隕石や大災害のように、経営環境が劇的に変化するとでもいうのか?との問いには、残念ながら「その通りです」と答えざるを得ないのが現在の状況なのです。

特に脱炭素との関係で言えば、２０３０年（ＣＯ２排出量46％減）そして２０５０年（カーボンニュートラル）という変局点はすでに織り込み済みなのですから。

循環経済と未来図

それでは一体いつ、経済はそれまでの形から循環型へと変化してゆくのでしょうか？答えは「時間をかけて、始まりも終わりもなく」ということになろうかと思います。

事実、２０００年に施行された循環型社会形成推進基本法のずっと前から、日本の静脈産業はある程度循環的なビジネスモデルを持っていました。江戸時代の浮世絵や戦前の風刺画などには、修理や回収を生業としていた人たちの姿が残っています。

ところが、戦後の高度成長期になって「大量生産・大量消費」の時代がやってくると廃棄物の量がケタ違いに増えるとともに、循環型ビジネスが成り立ちにくい時代へと急速に変化します。プラスチックが最初からそうであったように、なにしろバージン材の方が安くて品質も良く、しかも大量に安定供給されるのですから…。

「取って作って使って捨てる」。俗にリニア経済と言われるシステムが、あるいは永遠に続くのかとさえ思われたのはそう古い話ではありません。

それが二十一世紀を迎えようとする頃から、国際社会は少しずつ「このままではいけない」と考えるようになってきました。気候変動の問題や資源枯渇が、はじめのうちは一部の専門家によって、そして次第に世の中によって、最後はそれこそが正義そのものであるというふうに語られるようになってゆきます。

ところがリニア経済に適応した経済のシステムを変更するのはそう簡単なことではありません。今だって、現実問題として見れば、大量のＣＯ２を排出し続けないことには経済が成り立たない構造であることに違いはないのですから。

もしも違いがあるとするなら、それは「変えることを決めた」という変化です。冒頭に引用した高度化法もそうですが、より具体的には２０３０年までにＣＯ２排出量をおおよそそれまでの半分近くに減らし、２０５０年までには実質ゼロにする、ということを。

本当にできるのか、またそれで本当に大丈夫なのか、それは誰にも分かりませんが、一つ言えることはそれが国際社会の合意事項に基づくものであり、私が見てきた変化が今後も続くとするならば、それは強制力も確度もかなり高い縛りになるということです。

この取り決め（パリ協定）は法律論的に言うと、あくまで各国の努力目標を集めたものであって拘束力はない、とされています。

でもそういう意味ではたとえばＳＤＧｓにも法的な拘束力なんかなかったわけです。それでも多くの企業はＳＤＧｓを参照したがりました。そうすることが社会の負託に応える姿勢につながると考えた人たち（経営者）が圧倒的に多かったからです。
ジャーナリストや研究者であれば、いくらでも疑問や反対意見を述べられるところ、顧客を持つ企業の経営者はそうは行かないのです。そして日本経済は、間違いなくそういった企業が主体となって回っています。その土壌に革命的変化でも起こらない限り、「変えることを決めた」変化は最終的には尊重され、企業の経済活動は確実にその方向へと流れてゆくのです。

すでに確定的となっているこの流れが止まることは決してないでしょう。たとえ石炭火力発電が最終的に生き残ろうとも、市井にある多くの企業にとっては既に、ＣＯ２削減情報の開示や具体的な削減活動に取り組まなければいけない時代へと、変わり行く途上にあるのです。

この変化を確実なものとしてその先を読むことで、そこに新たなスペースが生まれます。サッカーでもよく言われる通り、どんなに上手い選手がプレーしたとしても、そこにスペースがない状態では良いサッカーはできないわけで、日本経済もまた長年にわたって閉塞的な空間であり続けました。

チームの中盤が強化され、よりよいボール（資源）が回るようになると、チーム全体のパフォーマンスは確実に上がるはずだ、私はそんなふうに考えています。

経済の循環化が進むと、そこには新たな、そして大きなスペースが生まれます。それまで難しいと考えられていた新しいビジネスの展開や儲けにつながるダイナミックな発想も、新しいスペースではかなり自由に試すことができます。それこそが経済の循環化にいち早く対応することのご褒美となります。この変化を意識できるかどうかに御社の成功はかかっていると言っても過言ではありません。

循環化というからには、最終的にその環を閉じないことにはならないわけですが、つまり循環プロセスがどう閉じられなければいけないか、を決めるのは静脈産業、すなわちこの本を読んでいるあなたの仕事だという点を改めて強調したいと思います。

すでに変化はその方向へと加速し始めています。この本で紹介している先行事例の数々が、何よりの証拠です。手軽さを追求する、横展開をしやすくする、より大きな価値を模索する、そこにはさまざまなパターンの取り組みがあります。

ポイントは、社会全体がその価値を享受できるような循環を提案できること、に尽きます。そうすることでゴミは確実におカネに変わり、あなたのビジネスを良くしてくれるのです。

経済の循環化をいち早く先取りすることで、あなたの会社にも勝利の女神が微笑みます。後ろ髪を持たないと言われる女神を捉まえるチャンス、次はあなたの番なのです。

序章のまとめ

- 気候変動・資源枯渇・ＤＸの進展により、今後経済循環化の要請が強まる。
- 循環再資源化高度化法が事業環境を変える。
- 脱炭素型都市鉱山の開発は特に大きな効用をもたらす。
- 循環化とは動静脈連携の進展である
- 循環プロセスを閉じるのは静脈産業の役目であるため、静脈産業に大きなチャンスがある。
- 経済の循環化は時間をかけて、始まりも終わりもない変化として起きる。
- 国連時代から養った未来を見る眼には、さらなる「循環化の進展」が見える。

第一章

注目されてこなかったビジネスチャンス

序章でも触れたとおり、私はこれまでコンサルタントとして、日本の内外でさまざまな廃棄物処理事業者のお手伝いをしてきました。

そんな私が今、「ゴミをおカネに変える」というと、一般的には「なんだ、リサイクルの話か」というのがごく普通の反応だと思います。

「リサイクルならもうやってるよ」

「カネになるかは相場次第だろ」

「ウチはゴミ置きスペースが限界だ」

なんていう声が聞こえて来そうです。

高度化する環境課題に適合して、廃棄物のリサイクル自体は技術の進歩や社会インフラの整備もあって、ここ三十年くらいの間にある程度進化してきましたので「何をイマサラ」、と感じる方もいるかもしれません。

しかしながら私に言わせれば、以前のリサイクルは「ゴミをおカネに変える」ではなく、むしろ「(何もしなくても)おカネに変わるゴミだけを扱う」とでもいうべき事例や、どうかすると中には「そもそもゴミですらないものをゴミのようにリサイクルする」という事例も数多く存在していました。

よく知られているものだけでも、たとえば賞味期限までの残日数や、基準値以下でも微量な有害物質の含有など、慣習的なものも含めたさまざまな制約条件の犠牲となって、みすみす失われている価値には膨大なものがありました。契約における甲乙の関係が掉《さお》さして、実はまだ価値があるのに、客が捨てろと言ったから捨てる、みたいな場面が、ビジネスのそこここに存在していました。

仮に技術的な対策を講じることで、これらの制約条件を十分に緩和できたとしたらどうでしょう。今は実現していないかもしれない価値の回収が可能になると考えられないでしょうか。

そんなスーパーな技術でなくても、改善の手がかりは現場のあちこちに転がっていたりします。誰もが納得する解決策を用いて、不条理にも失われている価値を取り戻すこと、そうすることで経済が求める循環への適応を進めることができます。

「相場に左右されて損益が確定しない」

「買い取り先の査定が終わるまで単価がわからない」

「客先からよく品質クレームをもらうのだが、『次回は気を付けます』としか言えない」

「持ち込まれる廃棄物の買取価格は、品質に関わらずいつも一緒」

「大手に頼まれた仕事をこなして、大手が決めた対価をもらう」

もしも御社がそんな仕事をしているとしたら、そこには循環による思わぬ儲けのタネが眠っている可能性があります。でも、眠ったタネはこちらが何かしないと永久に眠ったままなのです。

「今までおカネに変わらなかったゴミをおカネに変える」、つまりそのままでは難しいかもしれないところに「変えようとする努力を加える」という点がミソで、ゴミをおカネに「変える」ためには、この本が示す方法論に沿って、これまで取り組んで来なかった**技術開発に取り組む**ことが必須条件になります。おカネはその「取り組み対価」だと思ってください。

ゴミをおカネに変えるために、この本では①**選別技術**、②**利活用技術**、③**絶対量削減**、④**新たな価値の循環**という四つの取り組みを提案しています。

選別や利活用が進めば循環は着実に進み、新たな価値の循環を通じてゴミの絶対量が減れば相対的に循環も進みます。

誰と何をすればそれを手にできるのか、どのようにそれを活用してゴミをおカネに変え、そして循環経済によって会社を発展させてゆけるのか、そんな視点でお読みいただければ、今までおカネになっていなかったゴミでさえも宝の山に見えてくるはずです。

なぜ今ゴミがおカネに変わるのか?

私が指摘するまでもなく、今日本のあちこちで、いえ世界中で、ゴミは次から次へとおカネに変わりはじめています。その気でテレビを見ていると、昨日まで誰も注目しなかったゴミが新たな資源として活用され始めた、といったニュースが次から次へと出て来ます。

この変化は、単にゴミが活用できるからやってみた、というような底の浅いものではありません。多くはゴミを資源化することで得られる具体的なメリットの一つであるCO2削減効果に基づく本格的なニーズによるものなのです。私が「脱炭素型都市鉱山」と呼ぶ事例がこれに当たります。

現在、国内の大手素材メーカーをはじめとする資源系のサプライヤーは皆、原材料調達に伴うCO2排出量の削減という大きな課題に直面しています。

これは前述したパリ協定によるCO2削減努力について、個別企業にも対応を求めるという考え方が具体化されたことによるもので、日本だけでなく世界中で同時多発的に起こっている変化です。

日本は特に素材メーカーの存在が大きいため、この変化が目立つのですが、ゴミを利用した再生材を上手く活用することができれば、素材供給に伴うCO2排出量を劇的に削減することが可能な分野はまだ多方面に広く存在しています。

逆に言えば、今こそがゴミの再生資源化をビジネスにするチャンスなのです。単なるリサイクルに止まらず、選別技術の高度化や、選別された有害物質管理の徹底、化学処理による有価物の抽出や安定供給のためのサプライチェーン作りなど、循環経済の世界にはゴミをおカネに変えるビジネスチャンスが分厚く広く存在しているのです。

ではなぜ「今」なのか、これまではどうしてそのような動きにならなかったのかという疑問が湧いてきます。実は同じような動きは以前にもあったのですが、これまではなかなかうまく具体化しませんでした。そこには政策的な一貫性や法律の縛り、財政的な裏付け、あるいは金融業界を巻き込んだ経済の仕組みにまで及ぶ、今回のような歴史的な変化が伴っていなかったことが大きな理由です。

かつて京都議定書の時代ですが、自動車の燃料に添加されるはずだったバイオ燃料の導入が、石油流通事業者の猛反対にあって、ついに日本では実用化されずに終わったという歴史の一幕がありました。

今回はその時とは事情が全く違っています。日本もそして世界も脱炭素に本気で取り組もうとしていることにより、ゴミを原材料とする再生資源は今、各方面から熱い視線を浴びているのです。

選別技術でおカネにならないゴミをおカネに変える

一昔前は「廃棄物、分ければ資源」という言い方で、廃棄物の分別を進める社会活動が盛んでした。今でも自治体によっては、一般廃棄物の排出時に二十種類以上の分別を求めるところもあります。

そういう事例ではさぞかしリサイクル率も高いのだろうと思われるかもしれませんが、実際のところは小さな自治体だとソロバンが合わず、収集段階で一応分別はしているものの、結局リサイクルには回せずに、中には焼却・埋め立て工程へと戻されている事例もあると言います。

でも産業廃棄物は違います。産業廃棄物であれば、おカネの動きに応じてロットをまとめることも柔軟に交渉できる余地があるので、法律の縛りなど条件さえ整えば廃棄物の取り扱い単位を大きくすることができるのです。

ここから先はケースバイケースのお話で、全てに必ず当てはまるわけではないのですが、たとえば中小の事業者には事業承継問題への対応など、新たな経営課題に直面しているところが少なくありません。

そのような状況下に、強い交渉力を持ってロットをまとめるリーダーシップを取る事業者が現れれば、低くない確率で再編の相談が進む場合も出てくるはずです。では、ここでいう「強い交渉力」とは何か？それは資本力かもしれませんし、政治力なのかもしれません。市場の信頼という場合もあるでしょう。

この本の一つ目の提案は「選別技術を交渉力の源泉として、チャネルリーダーシップを取る」というものです。その源泉が技術であれば、比較的短期の開発投資によって強みを外部から獲得することができるので、この機に乗じて成長を果たしたい経営者には比較的向いた選択肢だと言えます。

具体的には、例えば有害物質の選別と除去くらいから考えて頂くのが良いでしょう。

一般論として、廃棄物の段階では歓迎されざる有害物質も含まれた状態であることが少なくありません。例えば塩化ビニールが混じった混合プラスチックなどの廃棄物が該当します。

これまでのところ多くは埋立か、あるいは専用炉によるコストをかけた焼却処分に回されており、残念ながら収益源にはなっていないと思います。多少のコストをかけてでも塩化ビニールをキレイに除去することができれば、廃プラスチックは「売れる商材」へと変わります。

さらに言うと、プラスチックを種類別に分けるという方法もあるかもしれません。日本では長いこと「廃プラスチックリサイクルは儲からない」と言われ続けてきましたが、今後はその潮目が変わる（注２）かもしれないのは、省エネで得られたＣＯ２削減であっても、トン当たり少なくとも１０００円を超える価格がつきそうな流れがあるからです。

注２　「循環高度化法」でも廃棄物処理の広域化を受容する流れが強まりつつあります。

二つ目の提案として、選別だけでなくこれまで振り向かれもしなかった廃棄物が新たな商材になる可能性もあることに気づいていただくことで、さらに大きな宝の山が見えてくる可能性があります。

たとえば、さまざまな現場で使われている洗浄剤には、まだ比較的キレイなのにも関わらず、使用後にはそのまま（あるいはコストをかけて希釈や中和などの処理をしたうえで）廃棄されているという場合が少なくありません。これを再活用するようなバリューチェーン（この本ではバリューネットワークと表現します）が組めれば、そこには価値が生まれます。

加えて注目されるのは、化学の力を応用した取り組みで、ケミカルリサイクルと呼ばれる方法によって品質劣化を防ぐ技術です。単純な破砕と再生（メカニカルリサイクル）に比べるとCO2発生は若干増えるのですが、この二つの技術を組み合わせることで、100%バージン材に比べるとかなり大きなCO2削減を可能にすることができます。

メカニカルリサイクルのほうがコスト的には安く、CO2削減の実績値も上がるとされていますが、ケミカルリサイクルと違って不純物の問題を完全には克服できないことから、循環したとしてもせいぜい数回転のことに過ぎず、やがては品質劣化が広がって、結局のところバージン材による希釈など、コストをかけた対策が必要になるとされています。

そうではなくて初めから数回に一回程度ケミカルリサイクルできるバリューネットワークを構築できれば、品質は永続的に担保され、CO2削減の面でもかなりの優位性（注3）を保つことができるはずなのです。

注3　川崎市における取組では、マテリアルリサイクルとケミカルリサイクルの両方を組み合わせる検討がなされているようです。

このような取り組みを提案することで「利活用技術を使ってブルーオーシャン市場を開拓する」ことができるようになります。

このような機会を見つけるためには「何か捨てられているものはないか」「なぜそれらが捨てられているのか」「捨てないとすればどのような使い道がありえるのか」を、科学者や研究者の目で見直してみることが必要なのですが、多くの中小企業ではそのような機会がないまま、日々の操業だけが続けられてきました。

ゴミの絶対量の削減

ここでご紹介した二つの方法は、いずれも実在する会社に対して当社が提供した新たな事業機会へのアプローチ方法そのものです。これらはいずれも循環を前提とした「科学」あるいは「技術」がキーワードになる方法で、言ってみれば技術を重んじる対応が必須要件になるのですが、日常の操業や事業展開においてもゴミがおカネの元になってくれる事例があります。

言われてみればコロンブスの卵かもしれませんが、「ゴミの削減」がそれに当たります。最近そのまま再使用できる詰め替えボトルや、捨てる時に小さくまとめられるプラスチックボトルなど、新しい形態の容器が市場を賑わせています。

これらはいずれも「捨てる手間をどう減らすか」にフォーカスした新商品で、つまり消費者が「ゴミを捨てるのはメンドクサイ」と感じている点に潜在需要を見出したアプローチだと言うことができます。

広く言えば「ゴミを（減らす工夫を）おカネに」変えている事例と言えなくもないお話です、これはB to Bでも同様の観察が成り立つ場合があるのです。すなわち、ゴミをハンドリングする煩わしさを削減することで価値が生まれる、という考え方です。

製造業のラインにおいては、たとえば梱包解体や梱包材の片付けも作業時間になります。それを削減したり効率化するような工夫は間違いなく顧客価値になるはずです。

また従来の廃棄物処理事業者の考え方では、廃棄時に手間が発生するからこそ客先がおカネを払ってくれる、という部分がありました。でも、廃棄時の手間がそもそも存在しない商材があるとしたらどうでしょう。

これからの商品開発は「いかに客にゴミを捨てさせないか」「ゴミ捨ての手間をいかに省くか」という要素も大きなポイントになってきます。人間だれしもゴミの問題などに時間や場所を取られたいという人はいないので、そこに新たな商機が生まれる、ということです。商品開発にも、科学そして技術の目が求められるのです。

技術開発のカギは組織整備

ではどうすれば科学者や研究者の目をこれらの課題へと向けさせることができるのか。社内にそんな人材はいないとすると、外部から連れてくることになります。逆にそれらの人材を連れてくることによって、ある程度の対策を検討してもらえるとするならば、それは検討する価値がある話ではないでしょうか。

最初のポイントは即戦力の採用ですが、技術の受け皿を持たない会社に一人だけ技術屋が入ってきたとしても大きな戦力になれるとは考えにくいでしょう。通常は、社内組織を整備するために責任者のポストを用意している、というような求人になるとお考え下さい。すなわち、①全社横断的な権限を持つスタッフ部門としての「技術部」の設置、②責任者たる「技術部長」の採用がそのスタートとなります。

続いて信頼できる技術力を取り込むため③（産学連携による）技術開発プロジェクトの立ち上げ、④若手技術人材の雇用へと歩みを進めることで初めてきちんとした体制下で技術開発に取り組むことが可能になるのです。

名前も知らない中小企業が単独で取り組んだところで、失礼ながら技術開発の成功は覚束ないことと思いますが、その分野を専門とする大学あるいは高等専門学校（高専）との産学連携事案とすることによって、経験ある研究者の参加を得ることにより成功確率を飛躍的に高めることができます。

産学連携で技術を獲得する

技術部が発足し、部長人材も雇用することができたとします。産学連携に臨むためには、この段階で「解決すべき業務課題」をしっかりと洗い出して、社内関係者の間で共有しておく必要があります。そうでないと、新たな外部パートナーとなる学校側に対して組織的に課題の共有を図ったり、成果に結びつけるための方向性の議論がまとまらなかったりする懸念が残ってしまうからです。

また経営的にも「とりあえず、ここまでできれば良しとしよう」と言った成功基準を予め決めておくことが必要です。技術開発は、言ってみれば終わりのない改善プロセスなので、一度の取り組みで一体どこまで対応するのかについて、事前に決めておかないと「引き際」が見えなくなる危険性があるのです。

初めて産学連携に取り組むには、まずパートナーとなるべき学校を見つける必要があります。産・学の両方が参加しているような学会や研究会に所属している場合は、そのような伝手を辿るのが早いかもしれません。また最近では産学連携振興が地方自治体における上位政策になっている例もあるため、担当している自治体の窓口に相談してみる手もあります。

その中で、国立の高等専門学校は各都道府県に一校以上が設置されており地元との縁が深く、またその多くが工業分野を専門としていることから、中小企業が抱える技術課題に比較的取り組みやすい特性を持っています。多くの高専では企業からの問い合わせも受け付けているため、直接相談してみるという方法も可能です。

さて、無事パートナーが見つかり、産学連携プロジェクトが稼働して、当初の目算通りに技術開発が成功したとしても、最終的にゴミをおカネに変えるには、ゴミだった製品を買ってくれる販路・客先が必要になります。技術開発に続く販路開拓も、今一つの大きな課題になるわけです。

▮日本の高等教育と進路

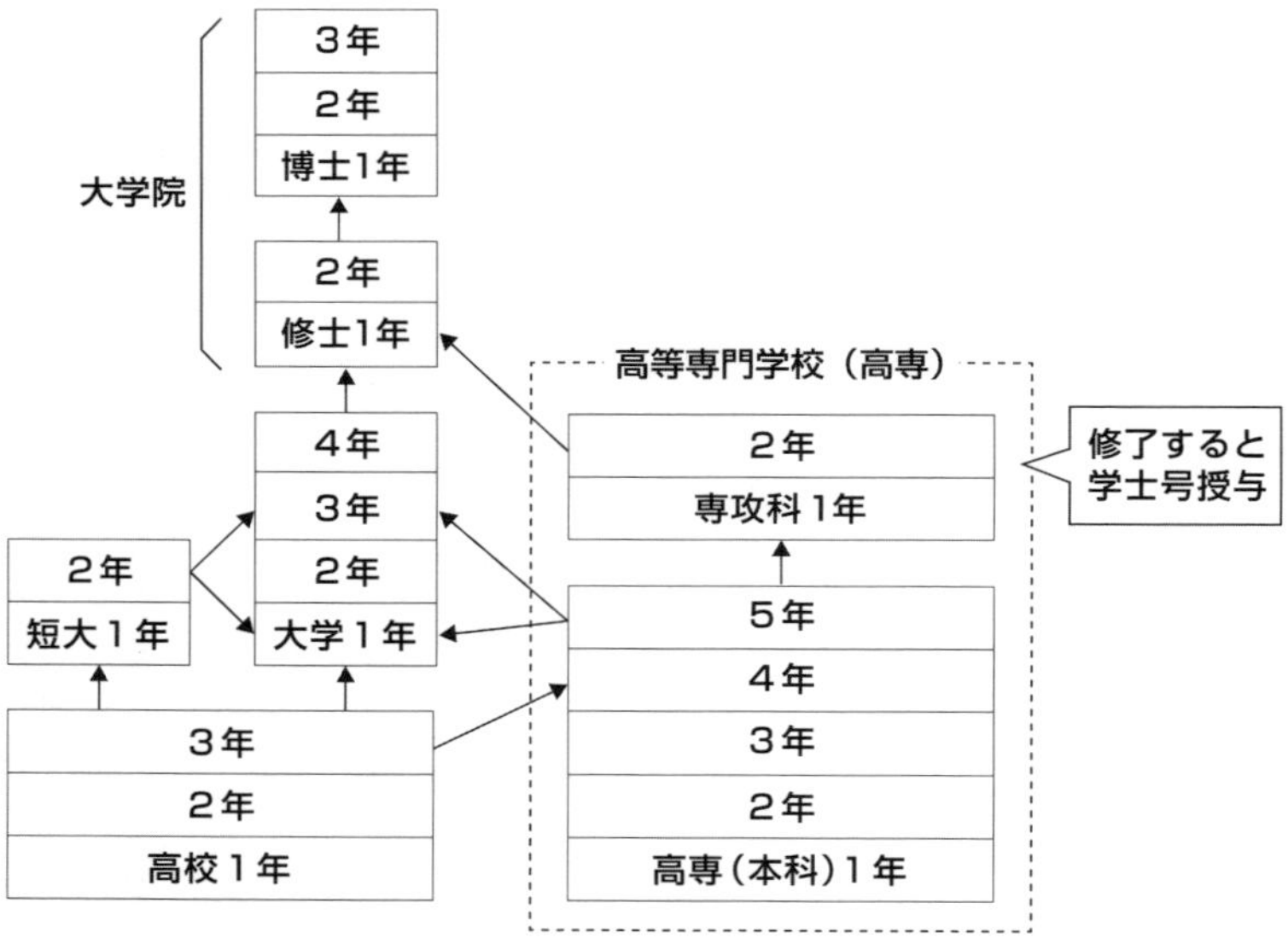

大学院
3年
2年
博士1年
2年
修士1年
4年
3年
2年
大学1年
2年
短大1年
3年
2年
高校1年
高等専門学校（高専）
2年
専攻科1年
修了すると
学士号授与
5年
4年
3年
2年
高専（本科）1年

バリューネットワーク構築が第二の課題

一昔前に「リユース・リデュース・リサイクル」と言われた、いわゆる3R時代のリサイクルがビジネスとして成り立った背景には、「(そうでないものは廃棄して) 売れるものだけを扱っていた」という部分が大きく、リサイクラーは持ち込まれた廃棄物の中間処理に全精力を傾けていれば良いという時代でした。選別された廃棄物は買い手の側が成分を分析し、値段を付けて引き取って行くのがごく当たり前の姿でした。

ゴミを技術で価値に変え、それをおカネに変える循環の時代には、このビジネスモデルが大きく変貌します。すなわち、リサイクラー側が「ゴミだった価値」の販路を開拓する、いわゆるバリューネットワークの構築を自らのアタマで考える必要が出てくるのです。

実はこれはそれほど難しい話ではなく、CO2に代表される今までなかった新しい価値、すなわちブルーオーシャン市場への売り込みが可能になるという、「循環が持つ今日性」というアドバンテージがあるのです。

再生材であること、廃棄物由来であること、これまでは資源化が難しかったが新しい技術がそれを可能にしたこと、そしてその多くがカーボンフリー、あるいは (モノによりますが) CO2を吸収する「カーボンネガティブ」ですらあること。

特に累積ＣＯ２排出量、いわゆるカーボンフットプリントの軽さは、いわゆるバージン材に対して決定的な競争力をもたらしてくれる可能性が大きいので、その排出量を積算する作業、いわゆるライフサイクルアセスメントを実施するなどして、そのメリットを定量的に説明できる体制を取っておくことが重要になります。

そのうえで、商社など流通事業者やシンクタンク、エンドユーザーとのチャネルをいかに構築するかがポイントになってきます。分野によっては自治体や、カーボンクレジットに関する金融系の会社が絡むような場合も出て来るかもしれません。

新しい価値はブルーオーシャンであると申し上げましたが、多くの場合これまでとは全く異なる分野のプレーヤーたちと仕事をすることになる、とお考え下さい。

ゴミをおカネに変えるのは、新たな循環の時代の象徴とも言える、知的でアクティブな仕事になるのです。

知財がもたらす交渉力

技術開発の結果として、これまで使われていなかった未利用資源が活用できるようになったり、選別精度が向上して引き取り単価が高くなったりする効果が期待されますが、同時にバリューネットワークの構築を進める中にあっては、技術のオーナーシップがもたらす交渉力も重要な要素となってきます。これを担保してくれるのが特許などの知財権です。産学連携の成果を可視化する意味でも特許取得は大変意義あることだとご認識ください。

営業上も、特許技術の展開という説明がつくと、たとえばフランチャイズチェーン等を設計しやすくなると言ったメリットが期待できます。

ここで注意して頂きたい点として、特許はたしかに商取引上の交渉力を担保してくれるというメリットはあるのですが、いわゆる知財侵犯に対する抑止力として見た場合、必ずしも十分とは言えないところがあります。

特に特許は属地主義と言われるのですが、原則として国別の対応が必要だという制度上の縛りは、ボーダーレスになったと言われる現代社会において知財の取り扱いを面倒なものにしています。国際展開を考える際には特に、いわゆる知財権と併せて不正競争防止法による知財防衛手段を講じておくことをお勧めします。

ここまで、循環の時代における「ゴミをおカネに変える」取り組みの概観についてご説明してきましたが、それでは実際にどのような成功事例があるのか、時代の先を行くいくつかの実例をご紹介したいと思います。

第一章のまとめ

●今以上にゴミをおカネに変えるには、技術開発が王道である。
●具体的には①選別技術、②利活用技術、③減量技術、④新たな価値の循環がある。
●そのためには組織整備がカギである。
●技術部を核として産学連携を進める。そのための若手人材を雇用する。
●並行してバリューネットワーク構築と知財管理を進める。

第二章

新たな強みを作るコツ

第一章では、循環の時代に「ゴミをおカネに変える」ための重要な視点や、これまで注目されてこなかった商機についてお伝えしました。

第二章ではもう少し積極的に「具体的にこうすれば成功するための強みを作れる」というコツやポイントをお伝えしようと思います。

これまで現場力をテコに、収益目標だけを追いかけて頑張ってこられた経営者にとっては全く新しい視点かもしれません。でも、すでに実証事例は異なる分野で複数存在しているので、その意味では効果が証明された手法なのです。

ポイントは、経営者が自らの考え方を少しだけ変えること、に尽きます。

具体的には自社の利益追求に加えて、パートナーとなる研究開発者への配慮と、新しいビジネス相手とのバランス感覚への注意が求められるのです。

技術開発にはこう挑め！

循環の時代にあって「ゴミをおカネに変える」という取り組みは、これまで何らかの理由があって見過ごされてきた廃棄資源（ゴミ）に注目するところから始まります。

見過ごされてきたにはそれなりの理由があって、元々なにがしかの価値があることは分かっていたけれど、技術的または経済的・社会制度的に何らかの難点があって、それを利用できないまま今に至っている、という場合が多いのです。

他方でＤＸ分野をはじめとして、近年の技術的な進歩は目覚ましく、一昔前までは考えられなかった世界中の論文を検索するなどの手法が、たとえば学生でも問題なく利用できるようになってきています。

いわゆる技術開発は、経験値を持たない企業が一社単独で取り組むには敷居が高いことから、この本では産学連携をお勧めしているわけですが、後で詳しく分析するとおり、産と学では文化も目的も違うため、すぐに連携が実るという保証はありません。

それどころか、もしかするとお互いが疑心暗鬼にすらなりかねないリスクもあるため、まずは双方がコミュニケーションを図り、共通の利害関係を確認したうえで協働に関する検討を始める、という段階を踏むことが極めて重要になります。平たく言うと実はけっこうメンドクサイ取り組みなのです。

このプロセスは言うほど簡単ではなく、特に最初のうちは新しい取り組みということで、双方の周囲からさまざまな意見やコメントが寄せられます。その中には、よくわからない相手への怖れや、リスクを忌避したがることによる批判など、必ずしも生産的とは言えないものもあるでしょう。

「そんな気の長い話には付き合えない」
「そんな技術では現場が使えない」
「現場が求めているモノはそれじゃない」
「そもそも考え方が違うんじゃないか」
「今までのやり方を変えるなら、成果は保証できない」

経営者としてこれら現場の声をどう受け止めるのか。そして自社のスタンスを相手方にどう説明するのか。ここは経営者としてしっかりと、人に対する主張ができることが何より重要になってきます。

そのときに普遍的な理念や哲学を語れることが極めて重要なポイントになります。そもそも文化や目的が異なる相手同士が組もうとするからには、更なる高次の共通目的を踏まえたものであるべきなので、自分ばかりが良ければそれで良いという考え方では、ウィンウィンの関係を説明しきれないことになってしまうからです。


この機会に、一つの共通言語として経営者に意識いただきたいのが国連によって提唱されている「持続可能な開発目標（ＳＤＧｓ）」です。

ＳＤＧｓであれば、学校教育現場でも必ず取り上げられており、あるべき社会の姿を可視化したものとして企業側も学校側も取り上げやすいという利点があります。逆に、現代社会にあってＳＤＧｓに取り組めない企業はその時点で学校側から見てアウト、だと認識いただいた方が良いでしょう。

以前当社に問合せを頂いた企業さんの例ですが、ホームページにはＳＤＧｓのことがあれこれ書いてあるのに、社長が三十分間話している間、一言もＳＤＧｓのことに触れなかった、という例がありました。経営者が経営課題としてサステナビリティを十分に意識できていない会社は、残念ながらその時点で不合格と言わざるを得ません。

逆に、哲学や倫理に照らし合わせて自社の取り組みをしっかりと説明できる場合には、それだけで学校側からの信頼を得られる場合も少なくないと言えます。

金融機関と違って、学校側は財務面の数字などほとんど気にしません（それはそれで懸念材料になりかねない要素かもしれませんが…）。産学連携だけでなく、組織作りや知財管理の面でも、相互に「信頼できるパートナー」として認識できると、そこは大きな強みになるということです。

具体的な共同研究の進め方については、第三章以降でお伝えしたいと思います。

技術者探しより先にやるべきこと

技術開発の方向性が決まったら、まず企業側に求められるのは受け皿となる社内組織の整備です。多くの場合、技術部に相当する組織を持たずにやってきたことのツケを清算する必要性に直面するわけですが、そもそも「技術屋」的な人材を社内に抱えていない状況だとすると、社外から人材を見つけてくる必要があります。

最近は中途採用に関するオンラインサービスがかつてないほど充実していることから、条件次第ではありますが、候補者の発見はそれほど難しくないと言えます。難しいのはむしろ面接以降の採用プロセスです。先方は技術部門の責任者としてどのような責任を期待され、どのような権限が与えられるのか、そしてどのような待遇なのかについて大きな関心を持っていることでしょう。

他方でまず会社側から説明すべきは、学校に対する説明と同じく、経営者としての哲学そして倫理、次に期待される成果に関する具体的な話だとお考え下さい。この点を省いた採用活動を行っても、良い人を採れる可能性は上がりません。そこを押さえたうえで、部門の責任者として求められる責任・権限・待遇の話をすることです。

そうすることで、企業側が重きを置く哲学と倫理の下で「生きてくれる」人材を確保できるようになります。人を生かす採用こそが、組織作りの最大のポイントなのです。

責任者が決まったら、スタッフの頭数を揃えます。社内からの人事異動でも、中途採用でも構いませんが、ここから先はもう新任の技術部長に任せることをお勧めします。チームとして、共同研究に従事できる体制を組むこと、学校側と円滑なコミュニケーションを取れることなどが要件となります。

新しい分野で成功する社長の共通点

技術開発の進め方や組織の作り方を通じて、「社外の力を借りること」をご提案したのですが、その中でＳＤＧｓなどの「社会に通用する価値観を訴求すること」が重要だというお話をしました。

これまでろくに社外とのネットワークを強化してこなかった会社や、付き合うといっても業界内だけだった、というような会社が少なくない日本において、経営者が前向きに社会課題についての考えを語るようになるとするなら、それは小さくない変化です。

現在の日本ではすでに社会のあちこちで、ＳＤＧｓへの取り組みが根を張りつつあり、学校などでの取り組みは着実に顕在化しています。その流れに乗ることで、社外の人も付いて来てくれるということを実感頂ければと思います。

当社のクライアント企業で実際にあった話ですが、長い歴史を踏まえて取引先やＯＢを招いた感謝イベントを開催された会社がありました。

そこで経営者が強く打ち出した方針が、社会課題への取り組みであり、そのための新規事業の実施だったのです。レセプション会場で経営者は数多くの来場者に囲まれ、自らのコトバでその意図を説明していたのですが、テレビに出るよりも、本を出すよりも、顔を合わせて直接語り掛けることによって、相手に強く刺さるメッセージをお客様へと発信することができていたのです。お客様からの信頼こそが儲けにつながることは、経営者である皆さんが誰より良くご存知でしょう。

成功する業界への提案のために

産学連携で成果を得た技術開発は、知財化を経て市場へと展開する段階へ進んで行きます。詳しくは第六章でご案内するのですが、経済の循環化を前提とした未利用資源の活用事案では特に、これまで全く関係なかった業界の方々と取引しなくてはならない、という場面が数多く出て来ます。その際にも、御社の取り組みを説明するために有用なのがＳＤＧｓです。

現状、たとえばカーボンニュートラルへの取り組みという説明でも通じる場面はありますので、そこは適宜ご判断いただければと思うのですが、それも含めて「哲学と倫理は企業の壁を越えて伝わる」という点をしっかり認識いただきたいということです。

「儲かるから」という動機は何より重要ですが、自社の損得だけで動いてしまうと他分野のビジネスとの間で隙間風が吹くこともありえるので、そこは社会のために哲学と倫理で勝負するというスタンスを堅持してください。

自ら能動的に哲学や倫理に関するメッセージを発信していると、ウェブサイトや動画、ＳＮＳなど各所に「足跡」が残ります。実はこの「足跡」の蓄積が重要で、後からのトラッキングで発言に首尾一貫性が担保されていると、すなわちそれが信用を生むことにつながります。

逆に、付け焼刃のＳＤＧｓだと、どうしてもそれが「足跡」に出てしまうため、悪くすると鼎《かなえ》の軽重《けいちょう》を問われる場面で逆効果をもたらすことさえあり得るのです。哲学と倫理に関する情報発信の重要性とリスクについて、しっかりと認識しておくことが重要なのです。

この点を外さなければ、たとえ知財などを含む権利義務関係で多少の軋轢が生じたとしても、参照できる発言・発信の実績を遡ることで、最終的に社会の理解を得ることは難しくないと言えるでしょう。第三章でもお伝えしますが、日頃からの心がけが知財防衛の面でも効果的に働きます。

第二章のまとめ

- 産学連携では、理念や理想の共有が重要である。たとえばＳＤＧｓを活用すると良い。
- 経営者自身が哲学や理念にコミットすれば、お客様の信頼はついて来る。
- ネット上の「足跡」が重要な情報源となるので、一貫性には留意すること。
- しっかりした考え方を堅持すれば、最終的に社会の理解を得ることは難しくない。

第三章

産学連携で強みを作る

強みを作ることの意義とは

コンサルティングの依頼をお受けするとき、私が経営者に対して最初に伺う質問に必ず含まれるのが「御社の強みは何ですか?」というものです。

自社の強みを明示的に説明できることは経営者として必須の要件です。そうであるにも拘らず、自社の強みが何なのかしっかりと説明できない経営者も実は世の中に数多く存在します。

この本が提案する「ゴミをおカネに変える」という考え方には、他にない強みを作るという意味が強く込められています。

それまで誰も実現できなかった技術でゴミをおカネに変えることができたなら、それは間違いなく競争上の強みになるはずだからです。

第一章でお伝えしたとおり、具体的な技術開発としては、①選別、②利活用、③廃棄物減量、④新たな価値の循環、という属性を持った取り組みなのですが、それらは全て「競争上の強みを構成するための条件」だということが言えます。

ここからは、異なる四社の事例を詳しく見てみたいと思います。

事例①　選別技術で強みを作ったF社の取り組み

「技術開発といっても、ウチみたいな中小企業だと、やりたくてもその受け皿がないんですよ」

業界でもその名を知られた少壮《しょうそう》の経営者であるF社長が、技術開発に関する私の提案に対して発した最初の返事がまさにこの一言でした。

F社がまだ都内の古い貸しビルにいて、それでも内装だけは新しくしたオフィスにF社長を訪ねた時のことでした。真夏の極端に暑い日で、人一倍汗かきの私はハンドタオルを手放せなかったことをよく覚えています。

コンサルタントとしてF社にお世話になって半年、現場から吸い上げたさまざまなニーズや課題をF社長にお伝えするのがその日の私の役割でした。

F社は首都圏で資源再生を手掛ける老舗企業で、F社長は四代目のオーナー社長です。会社の組織を見渡しても、確かに技術開発の受け皿となるような部門は見当たりません。

工場は朝から晩までひっきりなしの入荷を裁くだけで手一杯。何かあれば現場の力で解決する、というやり方でやってきた、と現場の方が豪語するだけの実績は確かにあるのですが、話を聞くとF社では取り組むべき課題を洗い出すこと以上の抜本的な対策は取られておらず、根本的な解決や改善には至っていない様子だったのです。

私の役目は、全社の中堅幹部から吸い上げた情報を基にして今後の展開に関する提案をさしあげる、というものでした。

中途採用で子会社の新規事業を任された人たちや、本社中枢にあって管理業務を一手に引き受けていた女性、その他さまざまな立ち位置の中堅幹部が、この時とばかりに心情を吐露してくれました。

やはり中途採用で入ったという営業マンからも、「抜本的な対策を取らないと、早晩行き詰まることは目に見えています」との指摘が出されており、現場を見たコンサルタントとしては、どうしても社長に抜本策としての技術開発を考えてもらいたい、という場面でした。

「わかりました、ないなら作ってみませんか?受け皿を。当社がご案内します」

決して安請け合いではなく、それなりの勝算を胸に秘めながらそう答えたところから、すべては始まったような気がしています。

私が「ないなら作ってみる」といった技術開発のための社内組織ですが、中堅幹部のヒアリングを終えたあたりから、おぼろげにそのイメージを抱いていたものでした。

F社の技術課題としては「忙しさ」「混雑」による選別精度のバラつきが第一に挙げられる状況でしたので、これは技術屋に入ってもらえればかなりの部分で解決できる可能性が高い、と踏んだわけです。

イメージとしては、①組織面で本社の一部局として「技術部」を作ってもらう。これは前述のとおり。

全社横断的な権限を持ち、各工場に対しても強制力のある発言ができることが重要、②技術的素養の高い技術部長を雇用する。

人材紹介エージェント経由で良い人材を見つけられる伝手があるので、それを活用する、③具体的な課題発見と解決を、産学連携スキームを通じて実績ある富山高専に依頼する、というものでした。

いきなり富山高専の名前が出てきて驚かれた方もいるかもしれませんが、私は以前から同校のシニアフェローというポストを拝命しており、学生さんの進路相談などに与ってきた実績があったのです。

それ以外にも秋田大学の非常勤講師を務めていた関係で、いくつかの会社に対して秋田大の学生をインターンとして派遣した実績を有していました。

この時の経験が、後段で紹介する「課題発見型インターンシップ（注４）」の設計に生きてくることになります。

注４　P85「インターンシップで始める産学連携」の図をご参照ください。

受け皿となる組織ができて、キャッチャーとなる技術人材が入り、そこに問題解決方法を提案できる高専の研究開発チームが加われば、おおよそのことは解決できるはずだ、だとするとこの事例は必ず上手く行く、漠然とではありましたがそんな成功イメージを抱いていたことを覚えています。

やがて、米系の人財紹介会社から某大手自動車会社のエンジニアが転職先を探しているとの情報をもらいました。かつては並ぶもののない勢いを誇った日系の自動車メーカーでさえ、中核社員が転職を考える時代になったということはさておき、F社の実力からすると願ってもない人がいた、というのが素直な感想でした。

社長との面接もうまく行き、入社が決まった時点で私もお会いしたのですが、M技術部長は極めて精力的で人柄も良く、何しろ現場を技術がどう支えるかという最も重要な視点をしっかりと持っていることに安心感を覚えたことを、つい昨日のように思い出します。

「では、とりあえず現場を見せてもらいましょう」

高専の教員でもあり、機械分野の研究者としても活躍していたY先生と私がF社の工場に伺ったのは、まだ春も浅い晴れた日でした。

新任のM技術部長とともに、作業服姿の先生と、それが作業服であるジャケット姿の私は、所せましと並ぶ機械の間をくぐり、時折ヘルメットを配管にぶつけながらも工場の隅から隅までを検分して歩きました。

「これは後でも良いが、こちらは至急対応してほしい」

Y先生から事細かに指導を受けながら、M部長は必死にメモを取っていました。

その後1年、F社では現場生産性が新技術の導入を待つことなく大きく改善したといううれしい報告がありました。

Y先生の診断を踏まえて、今度は画像認識のプロであるM先生の出番でした。

「入出荷作業の様子を画像で捉え、それを分析することで課題が見えてくるはずだ」

M先生は現場入りの前からそんな仮説を持っていました。

私が仲介してF社でも実施したインターンシップに参加した学生の情報にピンとくるものがあったようなのです。このインターンシップが一つのきっかけになったことは、第五章でも詳しくご紹介します。

現場をあれこれ見て回ったM先生が、入荷品のサンプルを学校に送ってほしいという手配を会社側に依頼しているのを見て、これは先生も何か見つけたに違いないと感じたことを今でも覚えています。

現場入りから数か月、学校での検証作業も順調に進み、F社の抱える「廃棄物選別工程の高度化」という課題への答えがおおよそ見えてきました。

入出荷のバラつきについては5S・カイゼンを手始めに、工程の中心となっている機械の稼働状況についてのデータを取り、それを基に最適な運転サイクルを見つけ出す、さらに出荷品の品質については、画像処理技術を生かした新たなデバイスを開発し、後工程＝客先に絶対迷惑をかけないような品質を担保する。

特に画像処理技術の応用は、画像認識の専門家から言わせると「この分野では誰もが知っているショボい技術」なのだそうですが、それを選別工程に応用することで、今まで誰もできなかった品質の担保ができるめどが立ったのです。最終的に、F社は富山高専と共同でこの技術の特許出願を果たしました。

これによって再生資源の循環性は飛躍的に高まり、CO_2削減対策としても確実な改善が期待できるので、F社への期待値は高まるばかりです。私が「脱炭素型都市鉱山」と呼ぶ事例の、F社が先駆けとなりました。

技術部長のMさんからは、

「Y先生に教えていただいたカイゼンは、一つ一つを取り上げればごく当たり前のことばかりでしたが、逆にそのような指摘を頂いたことで現場も『ああ、こうすれば良いのか』とコツをつかんだようなところがあります。

逆に画像認識技術については、そのメカニズムや効果などについてしっかり理解するために、現場ももっと基礎的な部分について勉強しないといけませんね（注5）」という感想が示されました。

注5　「基礎的な勉強」巻末資料をご参照ください。

今後、F社長はこの技術を社外にも広く紹介して、循環の時代に挑む同業他社にもぜひ使ってほしい、と考えています。まさに「脱炭素型都市鉱山」の開発技術そのものなので、広く使われることでその価値は一層広まることになります。

ここからの事業化フェーズは、まさに社長の腕の見せ所だと思います。F社長が「技術部の新設」を意思決定したことが、同社のビジネスを大きく広げることにつながろうとしています。

事例② 未利用資源の利活用で強みを作ったT社の取り組み

東京のやや郊外に、社歴130年を誇る老舗の洗びん事業者であるT社の工場があります。富山高専のT先生からの依頼を受けて、T社会長と社長（親子です）にご面談いただいたのはまだ春爛漫のころでした。

決して交通の便が良いとは言えない立地のため、公共交通機関の駅からタクシーに乗って伺ったのですが、高専の先生が何をしに来たのかと、現場には若干ながら警戒するような空気がありました。

それでもすでに当社のコンサルティングを受けられていたこともあり、先生から説明のあった新技術を開発できる可能性について、会長も社長も比較的スムースにご理解をいただけたようでした。

「すると先生、当社には見方を変えるとかなり貴重な未利用資源があって、その利用技術を開発することで、循環の時代に向けた新規事業の可能性が開けるということですね？」

T社社長はさすがに理系の出身だけあって、研究者であるT先生の話がすいすいと頭に入ってゆくようです。

「その通りです。ただ、実際にどのくらいの濃度でどのくらいの量が出ているのか、そのままで再利用可能なのか、何か処理が必要なのか、さまざまなデータを取って実験してみないと、それ以上のことは言えません」

いつもは歯切れのよい説明が印象的なT先生も、わからないことはわからない、とはっきり応答します。

「なるほど。大変興味深い話です。当社は何をどうすれば良いですか?」と社長。

「さしあたり、本校のインターンシップを活用して、彼らの課題として現場のデータ分析に取り組んでもらおうと思うのですが、それでどうでしょうか?」

T先生のアイディアは一石二鳥を狙ったものでした。

「なるほどインターンシップですか。当社でも、某大学からインターン生を受け入れた実績がありますので、現場の対応を含めて受け入れは可能です」

打てば響くように社長が答えます。

「ありがとうございます。それではさっそく学校の事務方に話を通します」

即断即決に近い形でインターンシップの実施が決まり、学生三名が一週間の予定で東京へやってきました。

これまで全く顧みられなかった未利用資源を利活用することで、全く新しい資源循環のチャネルが開ける可能性がある。それは膨大なＣＯ２排出に悩む大手ユーザーにとっても大きな福音となる可能性が大きい。

既存市場に大きなインパクトを与える可能性を秘めた技術開発は、一中小企業が取り組むテーマとして極めて大きな意義を持つように思われました。

「脱炭素型都市鉱山」は、既存のサプライチェーンをすっかり変えてしまうほどのインパクトを持ちうるのです。

私は会長・社長に向けて、

「インターン生を『人財循環』（注6）の考え方に沿って採用できないか、ご検討いただけませんか。もしこの事案が上手く行けば、御社は全く違ったフィールドに進出しなくてはいけなくなります。現在の御社には残念ながらその専門性を持った人材はいないと思うのですが」

と、進行中のコンサルティングに紐付けて意向を尋ねてみました。

注6　巻末資料「人財循環」をご参照ください。

社長は「いやあ、西田先生のご指摘のとおりで、ぜひ当社としても採用を考えたいと思っていたんですよ」とのこと。

その日の帰りのバスの中で、私はインターン生のA君に話を向けてみました。

「今回の研究テーマは、循環の時代における未利用資源の利活用ということで、SDGs的にも、脱炭素の面からも、極めて大きな意義がある。

2050年までの長期を見通しても必ず需要がある分野だと思うのだけれども、その中にあってT社のような会社で研究開発に従事できるとしたら、そんな就職に興味はあるだろうか？」

A君は、しばらくじっと考えて、

「そうですね、面白そうだと思います。特に学校と関係を保ちながら、自分の将来的な進路も併せて考えられるのが良いと思います」

と、自分の考えをはっきり示してくれました。

今後A君が高専と展開する分析と研究のキャッチボールは、間違いなくT社の新たな強みになってくれることでしょう。

事例③ 廃棄物の減量と再資源化に成功したM社の事例

西日本の地方都市で、社会的起業家として食品ロス問題に取り組んでいるM社長は、生粋の地元出身起業家です。

事業内容そのものが「発酵」とは切っても切れない関係にあるため、関西の私立大学に専門の研究者を尋ね、その先生から指導を受ける形で一から事業内容を設計してきたという経歴を持っています。

発酵菌の開発や食品残渣《ざんさ》の活用などについて、数ある食品メーカーとの連携や、海外進出時のパートナーシップなど、これまでにM社が築いてきた社外ネットワークの広さは他の追随を許さない広さを持ちます。

特に発酵技術については、あえて専門スタッフを置かずに大学や食品メーカーの研究部隊に依存する形態をとっているのですが、F社やT社との違いがあるとするとM社長自身が徹底的に技術を理解する努力を惜しまないことに加えて、継続的なデータ分析のために地元大学等とのネットワークを活用するなど、独自の強み作りを欠かさず行っていることだと言えます。

さらに付加価値を上げるため、他の食品メーカーから排出される廃棄物の並行的な利活用についても、メーカー各社と共同で研究開発を行うなど、循環の時代を先取りした取り組みを積極的に継続しています。

それまでコストをかけて処理していた廃棄物が資源に生まれ変わることで、食品メーカーとしてはコスト低減を果たした上に環境改善にも貢献できることになるため、協力のネットワークは着実に広がりつつあります。

M社長はことあるごとに、

「私は常に社員に対して『心から良いと信じることをやりなさい。そうすれば必ず結果は良い方向に行くものです』と言い聞かせています」

と言うのですが、社外のネットワークとの関係を円滑に保つためにはとても有効なスタンスだと言えます。

M社では、それを論理的に社外の関係者に説明できるようにするための社員研修等にも積極的に取り組んでおり、ＳＤＧｓやサーキュラーエコノミー（循環経済）に関する社員の理解を深めることにも積極的で、「良いこと」とは具体的に言うと果たして何なのか、といった課題について社員の理解を促進する取り組みを積極的に行っています。

この考え方は、産学連携にも当然適用できるもので、現場のスタッフが技術に関する知識を復習する機会を提供する「リカレント教育」（注7）と合わせて、哲学や理念についての理解度を合わせておくことで、特に学校など社外のネットワークとの接点を良好に保つことができるのです。

注7　巻末資料「基礎的な勉強」「リカレント教育」参照

このM社が受け入れたインターンシップの学生たちは、M社長の経営方針にいたく刺激を受けたようで、わずか一週間の滞在の中で観察した事業のエッセンスをまとめたのですが、その成果物は何とM社の知的財産の一端を形成するものとなりました。

具体的には、M社の取り組みの全てがSDGsのゴールとターゲットに結び付けて説明できるという読み解きで、学生がわずか一週間の滞在で作り上げたとは思えないほどの高い完成度の資料でした。

M社長からは「ぜひ当社に就職してもらえないだろうか」という申し出もありましたが、参加した学生さんは皆、進学希望だったため、残念ながらこの案件では就職までつなげることはできませんでした。

M社の場合は会社始まって以来のインターン生受け入れも円滑に進み、ある意味で期待以上の成果を出すことができたのですが、このようなM社の強みを担保するうえで効果を発揮しているのが、実は地元自治体との強固な関係です。

廃棄物の減量と再資源化の問題は、いわゆる一般廃棄物の問題と裏表の関係にあり、この部分でM社は地元自治体からさまざまなサポートを受けています。

地元自治体の政策にきちんと対応し、担当部局と密なコミュニケーションを取りつつ、研究開発に必要な技術人材や地元大学とのチャネルは地元自治体がしっかりと間を取り持ってくれるという関係を日ごろから構築しているのです。

肝心の技術人材も、市役所で長年廃棄物行政の中心に居たエンジニアの方が退職されたことを受け、再就職という形で受け入れています。この方をチャネルに、市役所および関係機関との連絡も円滑に担保されているのです。こうすることによって、地元もまたM社との関係を大事にしてくれるわけです。

常日頃からの関係づくりに腐心してきたことの成果が、技術面でサポートを受けられる仕組みとなっている、という事例です。

事例④　新たな価値の循環に取り組むJ社の事例

東京都に本社を持つJ社は使用済パソコンの再生事業に取り組む企業で、二代目社長であるN氏が目指すのは「使用価値をできるだけ長く提供する」という考え方に基づくビジネス展開です。

それまでのJ社は、リース落ちなどによって入荷した使用済パソコンを検査して、まだ使えるものについてデータ消去とクリーニングを施し、OSをアップデートしたり記憶装置を入れ替えるなど再生市場向けの調整を施したPCを再度リースに出したり販売するというビジネスを展開していました。また、検査の段階で再生できないと判定されたPCは、分解されて資源リサイクルへと流れてゆきます。

昨今、データの管理について厳しい管理が求められている業界にあって、J社は業界団体の会長会社を長く務めるリーダー的な存在です。そのJ社が目指すビジョンは、新品と再生品が一つのマーケットで提供される「使用価値提供市場」の創出という壮大なものでした。

そのためにJ社が必要としたのは、PCメーカー各社との連携協力につながる技術開発への取り組みで、具体的には再生PCの品質を保証する仕組みを新たに導入することで、ちょうどアップルのｉｐｈｏｎｅがそうであるように、新品と再生品とのマーケットをシームレス化できないか、というものだったのです。

インターンシップを通じてＪ社が求めたものが、品質保証につながる技術的なデータの確認とデータベース化の提案でした。富山高専の学生グループによる作業現場の視察と提案を経て、品質保証への取り組みが少しずつ具体化していったのです。

Ｊ社は同時に社外の研究会にも積極的に参加することにより、「使用価値の継続的な提供」という同社の基本的スタンスについて関係者の理解を得るための努力を続けています。すでにＰＣメーカー各社とは担当者ベースでつながっており、取り組みの具体化を進めるための品ぞろえは一通り揃ったという段階にあります。

今回取り上げた四社の中でも、単に商材の再生に止まらず、使用価値そのものを引き上げ、かつ長く提供しようとするＪ社は、循環経済というモデルをもっとも忠実に実践しようとしている会社だと言えます。Ｔ社もそうですが、そこで創造される市場（中古品と新品が同じ市場で流通する、いわゆるシームレス市場）は、現在まだ一般的なものではないということができます。

全く新たな市場を創造するのですから、そこで展開されるビジネスは基本的にブルーオーシャンビジネスということになるわけです。この取り組みもまた、産学連携を通じた技術開発にその源泉を発しているのです。

産学連携とインターンシップの関係

産学連携の入り口として、当社ではインターンシップの活用を提案しています。通常、インターンシップというと「企業による学生に対する就業体験の提供」であるとされ、社会教育の一環として企業が協力する、という構図になっていると思います。他方で多くの企業が期待するのは採用につながる人事面でのメリットだろうと思います。当社が提案している「課題発見型インターンシップ」は就業体験だけでなく、産学連携による技術開発にもインターンシップを活用することで、より深く技術人材を巻き込むことができる、更にそれを通じて確度の高い採用活動にもつなげることができる、というものです。

これは制度的に担保された効果ではなく、あくまで既存の制度を活用して企業側の意図を実現させようとする工夫の一類型であるとご理解ください。

人事部門が主宰する通常のインターンシップを通じた表層的なつながりでなく、技術部門による課題解決プロセスにインターン生そして先生方を巻き込むことで、あるいは社運を左右するかもしれない技術開発プロジェクトとのつながりを持たせることが可能になります。

■インターンシップで始める産学連携

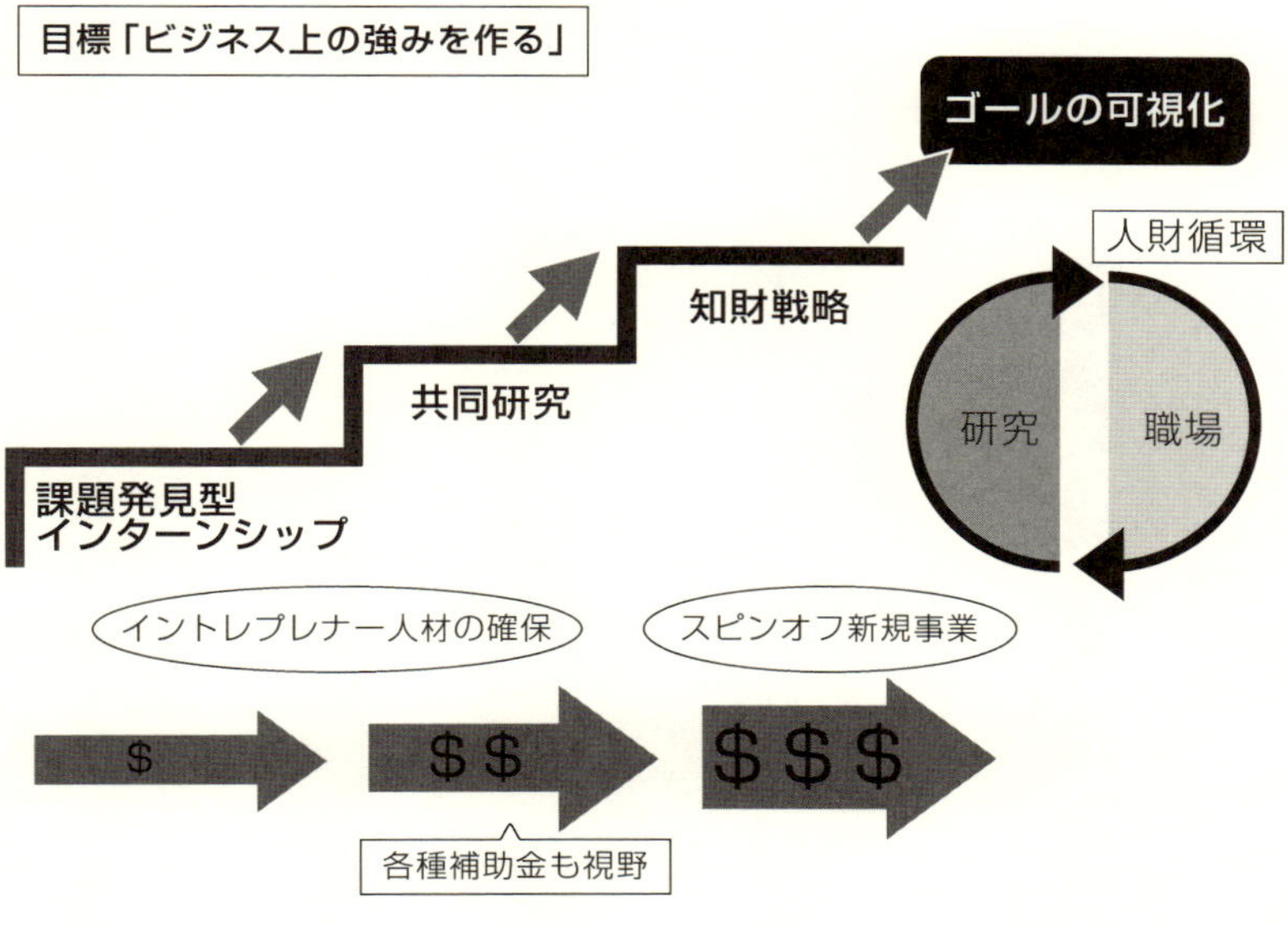

企業の、いわば本気の技術開発に肌を触れさせることで、インターン生でもガチンコで企業の目指すところを感じてもらうことができるのです。そういう体験から醸成される企業イメージは、就業体験を目的とした通り一遍のインターンシップで経験できるものに比べると格段に印象深いものになります。

俗に「一期一会」と言いますが、ホンキの技術開発案件を通じたつながりは、人生を考えるためのつながりとして十分に強力です。真剣に入社を考えてもらえるくらいの刺さり方で学生の心に伝わります。

インターン生があれこれ考えて可視化してくれるアイディアを上手に具体化できるかどうかという点も重要ですが、引率教員の先生たちが見せてくれる「原石を見つける力」もまた魅力的なものです。

本来、プロの研究者でもある先生たちは、日頃から指導している学生たちがどんな考え方をしているのか、彼らのコトバが伝えようとしている手がかりとはどんなものなのか、日常接している分だけ情報の救い上げ方が上手です。長く接している分だけ学生コトバに慣れている、という面もあるのかもしれません。

先生たちにお願いしているのは、報告会などでインターン生がふと漏らしたようなアイディアを、細大漏らさず拾い上げてほしい、そしてその中からキラリと光るアイディアを見つけ出してほしい、ということです。

その中には企業が抱える課題解決につながる共同研究のネタが眠っていることが多いのです。そんな時の先生方を私は尊敬を込めて「カワセミ型引率教員」と呼んでいます。カワセミが一瞬の技で魚を捉えるように、先生方はアイディアの原石を拾ってくれるのです。

選別技術の高度化で新境地を開いたF社、未利用資源の活用で多角化のチャンスを掴んだT社、あるいは廃棄物の再資源化と高付加価値化に成功したM社でも、インターン生が言いだした提案の濃さや視点の鋭さに関係者一同驚かされたという場面がありました。

共同研究の進め方

課題発見型インターンシップの成果を踏まえ、企業側がその成果を生かしたいと考えるならば、高専側に共同研究提案を求めるのが順当な進め方です。

インターンシップが学生による、短期間のいわば予診に当たるとすると、共同研究は専門の研究者でもある高専教員が中心となって進める本格的な技術開発プロセス、つまり本格治療に当たります。データ取り、実験、分析、ハード・ソフトの開発、そして知財対策まで、本格的な共同研究は最終的な成果を得るまでに2～3年かかることも珍しくありません。

さらに課題発見型インターンシップに参加した学生たちにも、事情さえ許せば継続的な関与を続けてもらうことで、採用への道筋を見失わないようにしておくことが重要だと言う点は、すでにお伝えした通りです。

万一カリキュラムなどの関係で直接的な関与ができない場合でも、会社側から学生に対して「インターンシップOB会」などの枠組みで参加を呼び掛けることが可能となります。共同研究は、それまでのインターンシップから、研究の窓口となる教員の研究室へと舞台が移り、その研究室に所属する学生（高専だと本科5年生＋大学の学部にあたる専攻科生）もサポートメンバーとして参加してくれるようになります。採用候補として、インターン生だけでなく研究室所属の学生さんも対象になると考えておくことで、優秀な人材を確保できる可能性はさらに広がります。

おろそかにできない守りと攻めの知財展開

共同研究によって成立する知的財産は、その後の事業展開における強みの源泉となることが期待されます。具体的には特許出願がそれにあたるのですが、このため共同研究スタート時に、高専と企業は「申請プロセスでは高専・企業が共同で特許を出願するが、関連費用を企業負担とすることで将来その特許によって得られた財務的な収益を一元的に企業側が得る」、という内容の契約書を取り交わすことになります。

知財戦略で難しいのは、売れる特許には様々な思惑が群がるが、そうでない特許は振り向きもされないという厳しい現実です。万全の備えを取っていても、誰からも振り向かれない場合もあるかもしれない。そんな特許におカネを注ぎ込むようなことは誰もしたくないはずです。せめてアタマを使ってトラブルを予見しておくことができれば、いざという時に慌てずに済むのではないでしょうか。

特許技術に依存した事業展開を考えるとき、念のために予見しておくべきトラブルには以下のようなものがあげられます。

1．知財侵犯

特許化は新しい技術を公知にすることでもあります。そうすると、新しいビジネスのタネを探している人の目に入る機会も増えてくると思われます。半ば確信犯で堂々と知財を侵犯するような挑戦を受けることも現実世界では珍しくありません。

それを如何に予防し、知財の優位性を保ち続けるか。一つの方法とされているのが不正競争防止法に基づく知財保護の戦略です。

この方法は、知財の内容を警察が分かりやすいフォーマットで用意しておき、特許のような民事ではなく、営業秘密侵害などと同じ刑事事件として訴えやすくしておくというものです。そうすることで、積極的かつ意図的な知財侵犯をかなり抑止することができるようになります。

2．特許価値の無効化

対象となる特許技術の価値が非常に高い場合、買収しようとする側が複数の周辺特許を取得することで、発明者側がその特許をあきらめるよう仕向けた上で、発明者である企業を買収するというような展開もあり得ます。

知財分野でそこまでの価値を持つ事案は必ずしも一般的とは言えないかもしれませんが、それくらいの展開はあり得るということです。

対策としては、周辺特許の押さえ方や対抗措置を、本特許の出願段階からある程度シミュレーションしておくことが挙げられます。

3. M&A提案

前記2のような暴力的な展開にならないまでも、事業に興味を持つ大手からのM&A提案は十分に可能性のある話だと思ってください。それこそ経営判断が求められる場面だと思います。ただM&Aはこの本の守備範囲を超えてしまうので、ここでは項目としての指摘に止めます。


他方で、引き続き知財を強みの源泉とするために、いわゆる周辺特許をしっかりと固めておくという対応は検討の価値があるかもしれません。特許の中身にもよりますが、継続的な研究開発を通じて得られた知見を更に強固な形に仕上げるための方策になります。

周辺特許をしっかり固めておくことで、ライセンスビジネスへの取り組みも視野に入ってきます。特にフランチャイズチェーン展開などを考えるうえでは重要な要素となりますので、「強み作り」の仕上げとして長期的な特許戦略を想定しておけると良いでしょう。

第三章のまとめ

● ゴミをおカネに変える力は、他にない強みとなる。
● 事例① 選別技術で強みを作ったF社
● 事例② 未利用資源の利活用で強みを作ったT社
● 事例③ 廃棄物の減量と再資源化に成功したM社
● 事例④ 新たな価値の循環に取り組むJ社
● インターンシップを予診に例えると、共同研究は本格治療にあたる。
● 「カワセミ型引率教員」の眼力が学生のアイディアを生かす。
● 戦略的に知財を考えることが強み作りにつながる。

第四章

産学連携でやってはいけないこと

ここまで産学連携による技術開発について、その入り口となる「課題発見型インターンシップ」とその効用についてお話してきました。

成功事例を先に見てしまうと、「だったらすぐに産学連携で学校の知恵を借りよう！」と思われる方もいるかもしれませんが、現実問題として産学連携はそう簡単ではないのです。

統計データでは、多くが「成功した」とされていても、実際にはわずか一年で延長されずに終わっている案件も数多くあり、必ずしも企業が期待する成果を十分に果たしたとまでは言えないことが伺えます。

この章では、産学連携で観察される様々なトラブルや、その発生源となる禁じ手についてお伝えしようと思います。例によって、まずは個別事例を見てみましょう。

事例⑤　産学連携に初めて取り組んだB社の例

A県にあるB社は、地域の名門企業として長い社歴を誇っています。四代目の現B社社長は東京にある有名私立大学の工学部機械工学科を出た理系社長です。

折から脱炭素対応を求められる流れに沿って、自社の製造工程を抜本的に見直したいと思っているのですが、5名在籍している技術系社員はみな機械工学分野の出身です。材料にかかわる要素が多い脱炭素技術については、自社だけで対応することが難しいと考えて、産学連携を推進している県の産業振興局に相談したところ、地元国立大学工学部資源工学科のC先生を紹介されました。

C先生は資源分野において分厚い研究実績を持ち、脱炭素技術に関しても一家言を持つ大ベテランの研究者です。これまでに県内の産学連携事案を複数成功に導き、実績に関する評判も高い先生だということでした。県が発行しているパンフレットを見ると、これまでに実施された産学連携案件の多くは素晴らしい実績を挙げており、成功率も9割を超えることが記されていました。B社社長は、9割成功する制度なら間違いないだろう、そう考えてこの制度を使う方向で準備を進めることを決定しました。

夏の暑い日、先生の研究室を訪れたB社社長は、一通り課題の説明を終えたところで先生からこう言われました。

「ご相談の趣旨はよくわかりました。現場における脱炭素技術ということであれば、私の研究室のOBで県立大の教授をしているD君を紹介しますので、彼と相談してみてください。彼は私の研究を長年手伝ってくれているので、適切なサポートをしてくれると思います。私がお手伝いできれば良いのでしょうが、私も来年定年で、何かとバタバタしているもので…」

産学連携を仲介してくれる県の職員とも協議したうえで、B社社長はふたたび県立大のD先生を尋ねました。まだ若そうなD先生の研究室での打ち合わせで、社長はこんな話を聞かされました。

「C先生からあらかたお話は伺っています。県の共同研究支援スキームを使って御社のサポートをせよということですので、対応させていただけると思うのですが、当研究室は一昨年度から国立大が主管する大規模研究プロジェクトに参加しておりまして、今年が最終年度に当たるため、そちらを優先せざるを得ない状況であることをご認識いただければと思います。

とはいえ当方にとっても、御社の現場でデータが取れるとすればそれはそれで意義あることなので、しっかり取り組ませていただきたいと思います。

成果についてはちょうど来年の学会に向けた論文のネタが欲しいと思っていたところな

ので、御社のご了解を得たうえでそちらに使うイメージでまとめさせてもらえればと思うのですが」

後は県の担当者が手続きについて案内してくれると思うので、それに従って進めてくれればと思います、というD先生の言葉に、ウチの課題をわかってくれているのだろうかと漠然とした不安を感じながらも、B社社長は成功率9割なのだから、県と大学が決められた制度通りに進めてくれれば共同研究は成功するはずだと考えなおして産学連携事業への応募を決めました。

この制度は産学連携を振興するために県が実施しているもので、企画書が審査されて採択された事案の費用のうち、所期の成果を挙げたものについて発生した経費の1／3が補助されるという建付けになっています。

さしあたり、共同研究の予算についてはB社が負担したうえで、県の審査を経て1／3の還付を受けるというやり方には特に不安を抱くことなく、B社は県の担当者宛てに申請書を送付したのでした。

C先生からの推薦もあってか申請は採択されて、ほどなく研究計画書を提出する段になり、D先生の研究室を訪ねた時のことです。D先生から示された計画書には、対象となる素材の使用量に関する実験とそのデータ取りに関する計画が示されていました。

そこには、条件が該当するデータを五百件、該当しない条件のデータをさらに五百件収集して比較を行う、そのために工場のラインを丸一日止める必要がある、と記されていました。

「丸一日ラインを止める、というのはいささか…」と逡巡するB社長に対して、「でも止めないとデータは取れませんよ」とD先生。

「持ち帰って検討させてください」と粘った社長は、会社に戻って現場と打ち合わせをした結果、何とか3時間くらいのライン停止でデータ取りができそうなめどを立て、その結果を県立大に連絡しました。

折り返し県立大からの連絡には、3時間で対応するためには追加の人手がかかると考えられること、その費用はB社に負担してほしいことが書かれていました。

データ収集当日のこと、待てど暮らせど肝心のD先生が姿を見せません。朝から工場のラインを稼働させずに、3時間ほどでデータ収集を終わる予定にしており、大学の研究員・学生そして追加の作業者としてアルバイトで参加する近隣の専門学校生数名とともに待機するB社にD先生からメールが入ります。

「沖縄へ出張に来ていたのだが、台風で飛行機の欠航が決まり帰れなくなった。実験は次の機会に延期してほしい」

沖縄だって、こっちは知らなかったよ、この台風の中で先生もよく行ったよね、そんなボヤキが社員の口を突いて出ますが、待ちぼうけを食らった現場は早々に準備を解いて生産再開に向けた動きを始めます。

「ちくしょう、なんだかんだで4時間止まったぜ」そんな声も聞こえてきます。

翌日B社を訪れたD先生は、開口一番「いやあ、台風でまいりましたよ、今回は」と言っただけで、会社に損害を与えたという自覚があるのかどうか皆目分かりません。

再開の打ち合わせの席で、B社の技術責任者であるE部長から質問の手が上がりました。

「今回は3時間ラインを止めて、先生の開発した技術を使う五百回と使わない五百回を試験するそうですね。当社としては、ぜひ技術の有効性を確認したい。技術を使わない五百回は効果が出ないことが分かっているのだから、やるだけムダだと判断します。ついては千回すべてについて、技術を使用する試験に変更してもらえませんか？」

これを聞いたD先生は、

「何を言ってるんですか！対比実験を同じ環境で実施しないことには有効なデータが得られないじゃないですか。それでは論文にならない」

「もしかして、先生方は論文書きが目的なんですか?私たちは私たちの予算で技術の実装につながる共同研究を受託いただいたと理解していましたが、それは間違いだったのでしょうか?」

「ええ、受託しましたよ。C先生からの依頼にノーと言えるはずないじゃないですか。それで私たちとしては、実施中の大型プロジェクトの邪魔にならないこと、そして来年の学会に向けた論文作成のためのデータ取りをさせてもらうことを条件にお受けしたつもりです。間違いないですよね?B社長」

B社長は腕組みをしたまま目をつぶっています。

「社長、どうなんですか?何とか言ってください」

E部長も心配そうです。

そのとき、ようやく社長が口を開きました。

「D先生、お願いしたのは当社です。他方で先生のご助力がないと本件が立ち行かないことは厳然たる事実です。今のやり取りで先生のお考えは分かりましたので、当初予定通りにお進めいただけますか」

E部長の顔には驚きの色がありありと見てとれます。

「そうですか。では次の実施日程についてご相談させてください。御社のご都合についいても配慮させていただきますが、日程的には大型プロジェクトとの関係もあって…」

D先生は社長から満額回答があったと理解したのでしょう、淡々と用事を済ませようとします。

「ただ、これだけはしっかりお伝えしておきたいこととして、当社は成果の出る技術開発を期待して産学連携に参加した、ということです。それをお忘れなきようお願いしたい」

噛んで含めるようにB社長の言葉が続きます。

「成果、ですか…。当方がお約束したことは共同研究スキームの下で研究開発をお受けすることと、論文にまとめることまでなので、実験結果について絶対に成果が上がることをお約束したわけではありません」とD先生は回答します。

「そうですか。それでは県と国立大にそのようにご報告しても差し支えないですね？」

「はい、それ以上でも以下でもないお話しだったのでお受けしたということです」

その後新たな日程でデータ取りが行われたのですが、確かに効果は検証されたものの、D先生の開発した技術を使っても、顕著な成果が得られるのは3回に1回程度にとどまり、このままでは商用に供することは難しいと考えられることがわかりました。

後日、B社社長は県の担当者に面会し、事の次第を伝えたのですが、そこで驚きの事実を知ることになります。

一通りB社社長の話を聞いた担当者は、

「C先生からのご紹介でD先生に対応いただいたのは初めてではないんですよ。前回も同じような展開で、受託されてスタートした研究が、確かあのときは国立大で行われる学会の準備か何かで大幅に遅れてしまい、企業さんからクレームがついたんです。ですので、県としても最初からD先生を推薦することは見合わせておりまして…。

ああ、それでも論文は学会で高く評価されたので、産学連携事案としては成功に分類されていますね。ただ、企業さん側から延長の要望は出なくて、共同研究はたしか一期だけで終了したはずです」

B社社長は驚いて問い返します。

「当社もそうですが、企業側からすれば売り上げ増につながらない、使い物にならない成果でも、発生した経費の2／3は負担しなければならないんですか？だったらそれは何のための産学連携なんでしょうか」

県の担当者も困惑の表情を浮かべながら、

「現在、文科省の第6期科学技術・イノベーション基本計画では、『地方創生のハブを担うべき大学では、地域産業を支える社会人の受入れの拡大、最新の知識・技術の活用や異分野との人材のマッチングによるイノベーションの創出、地域産業における生産性向上の支援、若手研究者が経験を積むことができるポスト の確保・環境整備といった取組を進める』とされています。

県ではこの政策に基づいて本事業を行っているのですが、成功事案でも二期目に継続される案件はそれほど多くないんですよね」

「民間向けの技術開発で、特許化や事業化に成功した事例を多く持っているのは、隣の県の高専にいるX先生などが有名ですが、本県の事業ということだと、どうしても地元の先生方を優先してご紹介することになっているもので…。しかもC先生は長年多大なご貢献の実績をお持ちでして…」

「D先生については、今回も学会の評価は高いということですから、研究成果としては十分なのではないかと思いますよ。え?学会ですか?あー、たしかC先生が会長を務められています…」

…なんだか、最後はネタバレみたいな幕切れになってしまいましたが、こんなシーンはもしかすると珍しくないのかもしれません。

なおB社の事例については、現在日本で盛んにおこなわれている産学連携事案における「あるある」みたいな話をたくさん盛り込んだ、いわばフィクション仕立てになっていることをお断りしておきます。

実際、たとえB社のような結果になったとしても、公的機関による仲介を経た産学連携事案は、様々な理由からめったなことでは失敗だったという総括にはならないのです。

自治体と地方大学との力関係や、学会志向・論文志向の強い研究者の存在もそうですが、それを仲介する自治体関係者の中には「一見さん」である応募企業の便益よりも、長年付き合う大学との関係や予算の消化を優先して考える人がいるなど、関係者が読んだら猛抗議を受けそうな実態が確かに存在しています。

この事例でも、企業（B社）の一部負担に基づいて新規の研究が進み、D先生は無事論文作成に足るデータを集めることができたわけです。

結果は成功率三割ということでしたが、仮にその成果がビジネスにならなくても、共同「研究」による成果が形（論文）になった、という解釈は可能なため、本案件の仲介機関における評価としては堂々と「成功」に区分されることになります。結果を出した研究者を紹介したC先生の貢献も相応に評価される仕組みですから、自治体や大学にとっては企業と国の予算を使って実施した研究が、大変都合よい結果に終わったということができます。

こう書くと、なんだか学校や自治体の取り分だけが優先され、企業側がいつも割を食っているような印象をいだかれるかもしれません。

しかし実際には、企業側が約束したおカネを期限までに払わなかったり、派遣された研究員に予定外の仕事をさせたり、事例で言えば技術を使わない五百回の試験を勝手にキャンセルしてサンプル取りを妨害したりという例もあるようで、産学連携をダメにしているのはどちらなのだという一方的な評価はしづらいところがあるようです。

これがアメリカなら、売り物になる研究成果には鼻の利くベンチャーキャピタルが、おカネを持ってついて回るところ、残念ながら今までのところ日本では「成功」に区分された産学連携事案におカネのほうから飛びついてきた、というような事例は決して多くないのが実情です。

何を目的として産学連携を志向するのか、最終目的について学校側とはしっかり合意が取れているのか、企業の困りごとを学校側はきちんと理解してくれているのか、申込書提出の前に今一度、自社の立ち位置を確認されることをお勧めしておきます。

感覚のズレを放置してはいけない

Ｂ社の事例をお読みいただいて、多くの方が違和感を持たれるのは、特にＤ先生が極めてマイペースで仕事をしようとする点ではないかと思います。もっともそういう目で見ればＣ教授も県の担当者も、Ｂ社の立場でモノを考えてくれている気配は極めて希薄なのですが…。

産学連携における基本のキ、みたいな話になりますが、主に研究資金を負担する立場になることの多い企業の立場で言えば、研究成果は出来れば直接、会社の業績向上につながるものであってほしいわけですが、産と学の文化的な違いなどが作用して、必ずしもそれが全員の共通認識にならないという状態に陥ることがあります。緊密なコミュニケーションを通じて如何にそれを回避するか、が最初の課題になると言って差し支えないでしょう。

実際には考え方のすり合わせができていて、信頼関係が構築されている場合でも、学校の先生方とビジネスマンとの間ではお互いの「感覚の違い」による行き違いが発生することが良くあるのです。

教育者・研究者としてキャリアを積んで来られた先生方と、ビジネスしかやってこなかった企業人との間には、大きな文化的乖離とでも呼ぶ感覚の差が存在しています。

準備段階で感じた皮膚感を大切に、感覚のズレについては敢えて早いうちに確認しておかれることを勧めます。多少の違いは大丈夫だろうと目をつぶっていると、後から思わぬ形でツケを払う目に逢いかねないのがこの「文化的乖離」というやつなのです。

具体的な急所としては、B社の事例で紹介した成功基準の違いに加えて、①成果と時間の関係、②責任と権限の範囲、③おカネと名誉の認識などについて顕著な違いがあることが挙げられます。

まず、「成果と時間の関係」ですが、学校の先生たちはたとえば実験データの整理について、しっかりとまとめることを大変重視します。一通り期限内に予定の実験を終えて、実験材料の挙動にまだ説明しきれない部分が残っていたりすると、先生たちは平気で追加の実験をしたがります。

そうしないと論文にまとめられない、という事情は分かるのですが、企業としては特定の締め切りを意識して仕事をする立場にある関係上、研究の都合ばかりに合わせているわけには行きません。

しかし先生たちのロジックは「成果が確認できない以上、ここから先へは進めない」で完結しているので、たとえばフェーズを分けて発表できないものか、といった企業側の要請に難色を示されたりすることがあります。

さらに高専は高校生に相当する学生の教育の場でもあるので、たとえば入学試験や中間・期末試験、運動会や学園祭など学事暦によるスケジュール面への影響が頻繁に発生します。

このあたりも、ビジネス界の常識とはややかけ離れたものがありますので、事前にしっかりと確認しておくことをお勧めします。なぜなら先生方にとってはそれが当たり前なので、取り立てて説明する必要があるとは思っていない人もいるからです。


次に「責任と権限の範囲」ですが、民間企業の場合には、たとえばプロジェクトマネージャーと言えばその案件について全責任を負う、工場長と言えば工場で発生した事案については「知らない」とは言えない立場である、という考え方が常識だと思います。

しかしながら、研究室を主催する高専の先生方は皆、良かれ悪しかれ一国一城の主なので、自分の責任範囲はここまで、と線引きを決めるとそれより外の仕事はしない、という例もしばしば見受けられます。

そうすると、企業からすれば学校側にすべて任せたはずの業務範囲なのに、参加している先生方の誰もが「それは私の責任範囲ではない」と言い張る、といった事態にもなりかねません。

技術的にごく限られた専門分野にこだわった研究をしている先生が参加される場合には、特に目配りが必要なポイントです。

最後に「おカネと名誉」の認識についての差ですが、企業人からすれば国の予算も企業からの拠出金も、おカネに変わりはないだろうと思いがちですが、意外にも思える話として、研究者の間では厳然とおカネに身分差のような色が付けられています。

誤解を恐れず具体的に言ってしまうと、①国の予算など、元々存在した大口の安定的な財源によるもの、②競争的かつオープンな選考過程を経たもの。研究の正当性が社会的に認められたと言えるから、③企業との共同研究など、おカネが任意で入ってくるもの（どういう素性のおカネかわからない）、といったような順番です。

直接資金提供を受ける立場の先生が企業に対して失礼なことを言ったりする場面はないと思いますが、学校の職員や研究室のスタッフさんなどは、自分が従事している研究がどのような資金源によるものなのか、その安定性はどうなのか、来年以降の給料はどうなるのか等、おカネについて鋭敏な感覚を持ちながら仕事をしています。

そのような中で、企業からの資金は必ずしも毎年一定金額が降ってくる安定的な財源とは見做《みな》されていないため、たとえば世の中一般でスポンサーが受けるほどの尊敬は期待できない、という点については理解しておく必要性があるでしょう。

競争資金の審査委員が学校に来ると言えば、学校側も失礼がないように、とＶＩＰ待遇の気遣いを見せるところ、これが金額的に大きくない共同研究相手の企業だと、社長が来たと言っても学校側は特段の対応はせず、担当教授が一人で全て仕切る、といったパターンは珍しくないのです。

この点が見えていないことで、「ウチはスポンサーだぞ！」と言った態度で学校に接してしまう企業人の例などをたまに見聞きすることがあります。

産学連携あるあるの一つのパターンとしてご認識いただければ、逢わずに済むトラブルを避けられるのではないでしょうか。

産学連携のツボとリスク

これまでお話したことを逆から見れば、企業にとっては大きな研究を自律的に引き受けてくれる機関を、人件費などの間接費負担なしで使える訳ですから、産学連携による技術開発は、上手く使えば実に効果的・効率的な仕組みだということが言えます。

さらに学校の先生方には、民間に比べてハイレベルな業績を持っている人も多く、一般的に言って研究成果の品質が高い点も評価できる特徴だと言えます。企業と学校との文化差をわきまえられれば、むしろ双方にとってウィンウィンになる可能性が高い点は、産学連携を進める上で何よりの魅力だろうと思います。

であればこそなおのこと、自らの論理だけを通すのではなく、学には学の都合や事情があることをある程度承知したうえで、双方納得できる落としどころを探る努力が肝要だと言えるのです。

産学連携のツボを押さえるためには具体的にどうすれば良いのか、という質問に対して私は常に「現場（学校）をよく見てください」とお願いすることにしています。

実験室や農場など、施設がある場合にはスムースに受け入れてもらいやすいのですが、学校によっては教室ばかり、あるいはパソコンが並んでいるだけ、というパターンもあって、このような場合には、「見てもあまり意味がない」と感じられる方が少なくないようです。

しかしながら、こういう学校こそ、そこで先生方や学生さんが何をどんなふうにしながら学校生活を送っているのか、先生同士のコミュニケーションはどうなっているか、学生が先生たちを信頼していそうかどうかなど、現場でないと感じられない要素をしっかりと見てきて欲しいのです。

巻末には資料として「学校訪問時のチェック項目」を図解化したものが付けてありますので、是非ご参考にされてください。


他方で、それだけやってもまだ残るかもしれないリスクについてもしっかりと認識しておかれる必要があります。

ひとつには知財をはじめとするビジネスリスクの管理が該当します。

企業側からすると、つい「学校にお世話になって、知財を取ってもらった」といった感覚を抱きがちですが、共同研究に関わる契約書には権利義務規定がしっかりと明記されており、学校側は学術研究における知財の活用を除く全ての商業的権利を放棄すること、また知財活用によって得られる金銭的利益は経費負担者である企業側のみとなることが記載されています。

これはすなわち、ビジネス上で発生する知財リスクについては会社が単独で責任を取らなくてはならないという建付けになっていることを意味します。

競合他社と権利を巡る係争が発生した場合においても、発明者である学校側に技術的な説明は求めうるかもしれませんが、依存できたとしてもせいぜいそこまでだと考えておくべきです。ビジネスのリスクはビジネスで担保する、という原則を再認識すべきなのです。

時間と成果

ここまでの話を通じて、産学連携がもたらしてくれる成果が多岐にわたることをご認識いただけたものと思います。それはつまり研究にかかる時間軸もある程度長いということを意味します。

具体的に言うと、インターンシップで払い出された課題に関する共同研究が、知財レベルの成果を挙げるまで短くても2～3年、あるいはそれ以上の時間が必要になること、さらにその研究を助走期間とみた新人採用～育成にもスタートから4～5年程度の時間がかかるということです。

インターンシップの企画から考えれば、無事に新人が入社して戦力となり、産学連携による技術が御社の強みとして実装されるまで、およそ5年以上の時間をかけた取組みが求められるということです（一年で終わる産学連携事案を必ずしも成功とは呼べない理由がここにあります）。

それだけ時間をかけて取り組むからこそ、競争力ある差別性として技術を前面に出せるようになるとお考えください。そうして確かな強みを我がものとすることで「技術でゴミをおカネに変える」ビジネスを現実化できるのです。

第五章では、新しいビジネスを支える人財の確保についてお伝えします。

第四章のまとめ

● 産学連携には、外からは見えない様々なリスクがある。
● 教育機関である大学・高専と企業との文化差には、注意して対応する必要がある。
● 双方向のコミュニケーションをしっかりと取ることが重要である。

第五章

辞めない人財の獲得方法

前章まで、循環の時代における「技術でゴミをおカネに変える」取り組みについてお伝えしてきました。第五章ではそのために欠かせない人財の確保について、事例を交えて詳しく見てゆきたいと思います。

企業が技術を強みにできるかどうかは、その技術を余すところなく活用するための仕組みが社内に出来上がっているかどうかで決まると言えます。

その仕組みを下支えするのは経験値を有した優秀な人材に他なりません。その核となる技術人材については、ある程度の長期雇用を前提としておきたいところです。

他方で最近は若手を中心として転職を繰り返す事例も増えてきています。ここでは、「辞めない人財」を如何に確保するか、その考え方と方法をお伝えします。

事例⑥　なぜ新人は簡単に会社を辞めるのか

さわやかなゴールデンウィーク直前の朝、X社技術部では先週配属された新人のY君がZ部長の席にやってきました。

「あのー、すみません」

「何かね？えーっと、Y君か」

Z部長は、Y君の首に下がった、まだ新しい社員証を横目で見ながら返事をしました。

「今日で退職したいんですけど」

そう言ってY君は、退職届と書かれた封筒を部長の前に差し出します。

「え！？だって君、新卒で入って先週配属されたばかりじゃないか！人事部には連絡したの？」

驚きを隠せないZ部長はそれでも小声で応答します。

「あ、はい。人事にはさっきメールで。手続きとかあれば知らせてもらえれば対応します。短い間でしたけどお世話になりました」

Y君はそう言って頭を下げると帰ろうとします。

「ちょ、ちょっと待ちなさい。今日はまだ研修の予定だったよね」

「はい、今日と明日以降の予定についても、人事へのメールを関係者の皆さんにCCしたので大丈夫です」

「そうか…いや、そういう問題じゃなくて。一体辞めてどうするの?そもそもなんで辞めるの?」

「あ、はい。退職届に書いてあるんですけど、ちょっと雰囲気違ったかなあって」

「そ、それで?」

「昨日転職サイトに登録したら、夕べのうちにいい感じの求人が5件届いたので、それを当たってみようと思っています。じゃ、そういうことで」

「あ、そうなんだ。じゃあ、どうか気を付けて。元気でね」

「はい、部長も。皆さんも。では」


新人の超早期退職は他社でも今や当たり前の景色になっていること、当社では昨年も発生した事案だが、抜本的対策が必ずしも取れていないため、今年も同様の事案が起きうること、その際には当人の意向を尊重して冷静に対処すること。人事部長からのそんなメッセージをどこか他人事のように聞いていた自分を反省しながら、Z部長は去ってゆくY君を見送ったのでした。

Z部長が退職届の封筒を開けると、そこには研修を通じて体育会的な雰囲気が強いと感じたこと、それは入社前の情報で必ずしも明示的な説明を受けていなかったこと、配属先の担当業務も事前に聞かされていたほど先進的なものではないことなどが具体的に書かれていました。

「いや聞いてはいたけど、それにしても研修第二週目で…」

Z部長は一人会議室から本社人事部のP課長とオンライン画面で向き合うと思わずそう口走りました。

「今年はこれで3人目です。7人の新人で今日現在残っているのがあと4人。うち2人は在籍者の紹介によるリファラル就職（注8）なので、ご縁は強いかなと思っているのですが、彼らを含めたフォローは重要ですね」とP課長。

注8　社員の個人的な伝手による紹介のこと

「去年もたしか8人入って連休明けに残ったのは6人、その後秋にもう一人辞めて5人だろ。人事も対策取ってるって聞いてるけど、こりゃ大変だね」

「はい、中期的なキャリアパスや資格取得支援制度などについて入社前にかなりじっくり話すようにしてるんですが、入社前だとまだ具体的な担当業務が決まっていないことから、その段階ではあまり先の話まではできないんですよね」

Z部長とP課長はこの数年目立つようになった新人の早期離職について情報交換をしたのですが、確たる対策も方向性も見えない中、オンライン会議の予定時間に達して打ち合わせを切り上げました。

「やれやれ、当社の将来はいったいどうなることやら…」

Z部長は白髪の目立ち始めた髪をかき上げながら思わずそうつぶやいたのでした。


右の事例はフィクションですが、X社のような新人・若手の退職は、今や日本全国で起きています。就職関連企業がまとめた情報では、新卒の3割が就職1年以内に退社するという報告もあります。採用にかけた経費の3割が無駄になっているとすれば、日本全体では極めて深刻な事態が発生していることになります。

長期雇用こそ中小企業の強みの源泉となる

産学連携によって開発された技術は、世界的に見ればごく小さなものかもしれません。

しかしながら一定金額を超える研究開発投資をした中小企業にとって、それは社運を左右する大きな決断であったことと思います。言わば虎の子の技術をきちんと売って行くために、長期的な視点で人材を確保することが企業にとって最大の課題であると言っても過言ではありません。

ではどうすれば長期雇用を実現できるのか？ここではインターンシップから始まる産学連携を人材確保のきっかけにすることを考えます。

全国各地にある高等専門学校（高専）では、大学1年生と同じ学年にあたる本科4年生を中心とした上級生に向けて、毎年夏休みにインターンシップを通じた就業体験機会の提供を行っています。主に地元企業を中心に、インターンシップは採用につながる出会いの機会として人気を博しています。

すでに第三章の事例でも一部触れましたが、本書がお勧めするのがインターンシップ制度を活用して産学連携の機会を探る取り組みである「課題発見型インターンシップ」の実施と、それに続く高専との共同研究を通じて優秀な人材を囲い込むという方法です（P85参照）。

これは当社が富山高専との協力を通じて開発したもので、「企業が抱える業務課題を解決するために高専は何を提案できるか」というテーマを抱えた三名一組のインターン生が一週間の滞在を通じて、共同研究を行うための課題を提案する、という取り組みです。

第三章でご紹介したF社およびT社、そしてM社の例をご覧いただければ、そのメリットを感じてもらえると思います。

通常のインターンシップでは、単に就業機会の提供のみが目的とされていますので、学生が企業の業務課題にアプローチするという場面はごく限られたものになります。企業の側も、採用できるかどうかわからない学生に向けて本当の業務課題を共有することはせず、表面的な説明を行ったうえで学生の関心を聞くといった程度の対応に止まるケースがほとんどです。

さらに通常のインターンシップだと、基本的に学生は個人で参加しますので、百歩譲って研究テーマにつながるような気付きを得たとしても、多くの場合は可視化されることなく学生個人の胸にしまい込まれることになります。

三名一組での参加という方法論がもたらす明らかな違いは、学生同士が感じた違和感や得た気づきについて議論することを通じて、それまで見過ごされていたものも含めて課題が立体的に可視化される、という点です。

課題発見型インターンシップを有効なものにしてくれるもう一つのポイントは、インターンシップの最初と最後に参加してくれる引率教員の存在です。

高専の先生方は、教育者であると同時に専門分野の研究者でもあります。インターン生が発見した研究課題について、企業側との共同研究を通じて具体的成果を出してくれるのが引率教員の先生方であるという点に再度着目（注9）頂きたいと思います。学生が気付いた解決の糸口を、引率教員の先生方が具体的な技術の形へと昇華させてくれるのです。

注9　P87 カワセミ型引率教員

さて、インターンシップを通じて企業とのつながりを持ち、さらに共同研究で先生の手伝いをしてくれた学生さんたちは、その時点ですでに研究テーマとの深い関係を持っているわけですが、本書が対象とする採用候補はまさにこの学生さんたちなのです。

就職するというよりは、学校から会社へと居場所が変わっても、引き続き同じテーマで技術開発への取り組みを継続できると言った方が当たっているかも知れません。彼ら・彼女らにとっては、自らが興味を抱いた技術開発テーマに引き続き関わることができるという具体的なモチベーションが提供されるため、滅多なことでは会社を辞めようという発想を持たないわけです。

これこそが長期雇用につながる最大のポイントで、企業側からすれば強み作りと人材確保の一石二鳥を狙うことができる、と言えます。

複合キャリアパスと人財循環

他方で社会全体を見渡すと、平成の時代から今に至るまで続く少子高齢化の傾向は、一向に収まる気配が見えません。企業にとって、今以上に人材確保が難しい時代がやってくるのです。

そのような時代に技術を下支えする人財をどう確保するか、産学連携を通じた長期雇用をさらに確実なものとするための考え方が、技術開発の実績を生かした学位取得であり、産学による人財の共同活用ということになります。企業に対して一定の貢献をしてくれた技術者に対して、修士号・博士号などの学位取得を支援するわけです。

この考え方を具体化したキャリア設計の方法として、当社では「人財循環」と呼ぶ長期のキャリアパスの実装をお勧めしています。

これはたとえば企業に7年務めてくれたら、修士号取得のために2年間の復学を認める、その間の学費と生活費は企業が負担する、その代わり学位取得後は復学して管理職としてさらに7年務めてもらう、といったプランを就職の時点で企業と個人が合意する、というものです。

一般的に大企業だと、長期のコミットメントはなかなか出しづらいものですが、中小企業で、しかもオーナー企業であれば、10年先の学位取得の話を約束することも難しい話ではないはずです。就職を考える学生から見ても、そこまで先の話をきっちりと約束できる職場ということで、大企業に勝るとも劣らない就職条件だ、ということになります。

これらの手当てを連動させることで、技術開発に関する体制強化を図ることができるので、一挙両得の状態をさらに深掘りすることができるのです。

第二章でお伝えした組織作りからスタートした取り組みですが、責任者の下に新人が入って学校のサポートがつけば体制は万全、強みをフルに発揮できるようになるのです。

人財循環による長期的営業効果

このような人事政策を取ることで得られる副次的効果として、人材が常に学会や研究会との接点を持ち続けることから、そのようなネットワークにおいて御社の名前が売れるようになるという点があります。「〇〇技術に関する研究ならあの会社」というふうに名前が知られるようになると、大学を含む研究機関からも一目置かれるようになります。むろん、そのためには各種会合への出席や発表、論文の執筆や機関紙への投稿など、相応の努力を継続的に行うことが求められるのですが、他方でそのような活動は研究者としては当たり前のものだと言えます。

そうなると様々な発表機会に講演を頼まれたり、各種委員会への参加案内なども来るようになります。人財循環によって、技術部長がどこかの大学と太い縁ができ、その大学で非常勤講師を務めるようになる、といった展開もごく普通に発生します。

営業環境を改善する視点から言っても、研究開発分野で一定の評価を得ることは重要な展開です。学会誌等への発表や研究会への報告などを通じて、御社の技術への取り組みを発信し続けることで、ひいては営業面でも差別化を図ることができるようになるのです。

■インターンシップの類型

	課題発見型インターンシップ	通常型インターンシップ
参加人数	３人一組を基本とする	１人ずつが基本
実施目的	共同研究に向けた課題の発見	就業体験の提供
成果	３人で共有されるため 可視化されやすい	１人で理解して終わるため 可視化されにくい
実施期間	１週間程度	２日～最大で半年以上も
サポート	引率教員が積極的にサポートする	引率教員の積極的関与はない
採用との関係	産学連携を通じた関係性の深化	改めて個別に連絡

まずはインターンシップから

ここまでお伝えしたメリットを、これまで産学連携を経験したことがない企業が獲得しようとする場合には、何をどうすれば良いのでしょうか。

お勧めは、まずインターンシップから始めてみることです。

単純なインターンシップであれば、すでに各校で制度化されていますので、とりあえずどんな感じなのかを経験してみる目的で一度受け入れてみては如何でしょうか。

他方で、克服しようとする技術課題が明確だったり、すぐにでも産学連携や人財循環を通じた強み作りに取り組みたいという場合には、当社がお勧めする「課題発見型インターンシップ」に取り組まれることをお勧めしています。

単純なインターンシップと「課題発見型～」は何が違うのか、については、前ページの表を参照いただきたいのですが、一言で言えばインターンシップ終了後に想定する協力内容がまるで異なる、ということです。

すでに技術課題を明確に抱えている企業の場合であれば、たとえば設備の性能が上がらない、工程で何か不具合が発生する、その他何でも技術面で課題とされている要素をそのままインターン生たちに問いかけていただくところから始まります。

インターンシップに参加した学生3名は、チームを組んで与えられた課題に取組みます。たかだか1週間の滞在であり、そもそもまだ学生でもあることから、そこで抜本的解決策が提示されるという可能性はあまり高くありません。

しかしながら、「こうすれば解決の方向性を探れるのではないか?」といった研究課題の炙り出しと絞り込みであれば、かなりの成果を期待することができるとお考え下さい。なぜなら高専生は、普段の授業や実習を通じて、そのような態度で問題を分析し、仮説を作ることに馴れているからです。

これまでの実績を見ても、たとえばF社の事例のように廃棄物の選別高度化には光学的な解決策が望ましいことや、T社のように化学的処理の有効性確認には工場と学校を繋いだネットワークを活用した実験が望ましい（デジタルツイン（注10）の考え方を応用したもので、ラボツインと呼ばれています）と言った提言が、どうかすると一度に二つ以上発案されています。

注10　インターネットを介して離れたところに仮想的な同一環境を実現すること

この実績は、そもそも高専生が優秀な素養を持った人材であることに加えて、チーム編成の段階で異なるバックグラウンドを持った学生たちを組み合わせている点に起因するのではないかと考えています。たとえば電子工学と化学など、異なる分野の学生たちが同じ現場を見ることで、全く新しい発想が次々に出てくるのです。

さらに重要な要素は、先ほども触れた通り引率教員による積極的なサポートが期待できるという点です。教育者であると同時に専門分野の研究者でもある高専の先生方は、学生たちが現場で見てきた情報を共有化する段階から議論を見守ります。学生たちの何気ないインスピレーションから共同研究のテーマを拾い上げてくれるのは、むしろ先生たちであるという点は見逃せません。

Ｆ社の例でも、アイディアに詰まった学生が苦し紛れにつぶやいた、光を使った選別というコンセプトを拾い上げることができたのは、引率教員の先生がその一言にキラリと光るインスピレーションを感じたからでした。

あたかも、川面近くを泳ぐ魚を狙うカワセミ（注11）のように、引率教員の先生方は学生のアイディアを虎視眈々と狙います。それが大化けして技術課題の解決策となり、あるいは明日のビジネスにつながる特許となる、「課題発見型インターンシップ」に始まる産学連携は、そんな効果をもたらしてくれるのです。

注11　P87カワセミ型引率教員

インターンシップがもたらしてくれる意外な効果とは

ここで取り上げた3件の事例に共通して観察されたもう一つの効果として指摘できるのは「学生に詳しく説明することを通じて、説明者（企業の現場責任者であることが多い）が、課題の内容を深く理解できた」という点です。

意外に思われるかもしれませんが、企業においては現場責任者といえども個別の課題やトラブルの背景から内容まで全てを詳しく把握していると言う訳ではありません。話を詳しく確かめてみたら、それまでの認識とは意外と食い違っていた、あるいは見えているのに誰も気づかなかった、というような身近な発見が頻繁に発生します。具体的な事例で見てみましょう。

「インターンシップについて、同じ学校から複数を一度に受け入れたことがないのですが、確かに効用はあると思うので、ぜひやってみたいですね」

Ｆ社の人事部長であるＹさんは、キャリアの大半をＩＴの世界で過ごしてきた人事のスペシャリストです。Ｆ社長から当社が提唱する「課題発見型インターンシップ」の受け入れを任されて打ち合わせに参加いただいたときに、当社の企画案を聞いた彼女がそう言ってくれたことで、当社が扱う案件としても初めての、高専生チームによるインターンシップが実現することになりました。

参加してくれたのは、富山高専で物質の勉強をしている３人組に加えて、電子情報を勉強している学生が１名で、皆本科の４年生でした。

与えられたテーマは、今一つ生産性が上がらないことへの対策について。普段から同じ教室で勉強している分だけ意思疎通は完璧で、初めて見る工場の中でもあちこち興味を惹かれたところに足を向けて現場の人から熱心に説明を聞いています。

段取り替えや休憩時間になると待機場所となった会議室に戻ってきては、見せられた現場の様子とテーマの関係についてあれこれ話し合います。

「入荷のところでもう少し時間が取れれば、仕分け作業を丁寧にできるんじゃないかな？」

「コンベアからピットに落とすところで何もしていないのはどうしてだろう？」

「重いものと軽いものを分別する工程で、機械が効果的に動いていないように感じる」

工程で気づいたさまざまな「不思議」の数々が可視化される場面です。若者の感性は実に鋭く、私たちではつい「当たり前」と思って見逃してしまうような小さな違和感も、すべてをテーブルの上に吐き出してくれるのです。

「もっと何か違う方法で仕分けできないかなあ。重さとか大きさじゃなくて」

「でもどうやって？」

仕分けと生産性を結び付けて考えるところまではすんなり議論が進んだようなのですが、彼らもそこで壁に突き当たってしまいました。二日目、三日目と時間は過ぎてゆきます。何か良いアイディアが出てこないものか…。

五日目の金曜日、午後から成果発表会を控えた午前中の打ち合わせには、引率教員として責任者のT先生、情報処理のM先生の顔も見えます。木曜日の夜にホテルで苦心して作り上げたパワーポイントの資料を壁に映し出しながら、検討はまだ続きます。

「入荷品について、コンベアのすぐあとの空間が仕分けに使えると思うんですが」

「なるほど。それは会社さんも気づいていないかもしれないね。ぜひ提案してみたら」

「あとは最後の手作業工程ですかね。何か印がつけば仕分けの効率も上がると思うんですけど、たとえば色とか」

「確かに、色付けできれば作業効率は格段に違うと思う」

それを聞いたT先生が反応します。

「あのさ、カラスは食品と食品サンプルを見分けるそうだよ。人間が見えない光を彼らは見ることができる」

え？それってもしかして…。

このアイディアの価値に気づいた参加者が一緒になって、急いで資料を作ります。

その日の午後、成果発表会でこの発想について報告をうけたF社長が、

「大変すばらしい発見だと思います。ぜひ引き続き研究に取り組んでいただけませんか」

と即断の回答をくれたのです。

その結果が第三章71ページで触れたM先生による画像認識技術の応用研究となり、さら

に特許出願へとつながったわけです。

「脱炭素型都市鉱山の開発」を進める上で、決定的な技術のアイディアが可視化された瞬間でした。若者の着眼点と、その発想を見逃すことなくしっかりと拾った先生方の感度の高さが組み合わさったことによる成功だったと分析しています。

F社長に対して、ないなら作れば、と申し上げた技術部設置構想でしたが、正直に言うと提案者としてもここまでの効果を予想していたわけではありませんでした。T先生やM先生とは、今でもその時のことを思い出して話題にすることがあります。

F社の関係者とも、この経験は将来につながるよね、そんな思いで人事のYさんとお互い目を見合わせたことを思い出します。

そうです。なんならぜひ課題を見つけてくれた学生さんを、思い切って採用してみませんか？それが当社の提案する「人財循環」モデルのきっかけとなった場面でもありました。

なぜインターンシップで「光る提案」が出て来るのか

インターンシップの実施に携わっていて常々感じることなのですが、グループで現場を訪れた高専の学生さんたちは、実にさまざまなことに気づき、アイディアを提供してくれます。

これまで多様な会社の多様な現場と課題に向き合う学生さんたちを見て来ましたが、いずれの例でも間違いなく、会社側からは出てこないような視点によるアイディアが関係者の関心を引く、という場面に出会いました。

では、そもそもなぜインターン生はそんなアイディアを思いつくのでしょうか。そしてなぜ社内の若手社員たちはそうでないのでしょうか？

学歴や個人的志向は違えども、若手社員と言えども立派な若者たちです。その彼等が毎日見ていて思いつかないアイディアを、なぜインターン生たちは見つけてきて、そして提案の形にまで高めることができるのでしょうか？

人間の動機付けを研究したアメリカの心理学者であるエドワード・デシによると、「これが出来たら○○万円！」というような報酬条件を先に提示しておくと、却ってアイディアは出なくなることが実験で証明されたということで、報酬は人間の創造性をむしろ阻害する要素になるのだそうです。

しかしながら、社員さんがもらう給料は必ずしも条件付きで支給されているわけではありません。また、インターンシップにおいても当然ですが成功報酬的な条件が提示されているという要素はありません。だとすると、待遇や報酬が違いを創り出しているわけではなさそうです。

やはりアメリカの、メアリー・エインワースによると「セキュア・ベース」と呼ばれる安全な場所にいるとき、人間はその創造性を最も発揮できるのだそうです。

だとすると、学生さんにとってインターンシップという舞台でインターン生という身分を与えられている状況が「セキュア・ベース」に近い状態にあると言えるのかもしれません。その状態が最も自然で、様々なアイディアが湧いて出てくる状態すらも、そこならではの創造性が発露した様子である、という分析が成り立つと思います。

最近日本でも「心理的安全性」というコトバが注目されています。こちらはＧｏｏｇｌｅによる社会実験で有名になったコンセプトですが、「セキュア・ベース」と極めて近いコンセプトのようで、心理的に安全であることを感じられる状態こそが最も創造的に仕事ができる、という結果が出ているそうです。

ではなぜ、若手社員はインターン生ほどあれこれアイディアを出さないのでしょうか？

この疑問点をしっかりと説明してくれる理論を見つけるのは難しいのですが、近いものがあるとすればドイツのフェルディナンド・テンニースによるゲマインシャフト・ゲゼルシャフトという考え方かもしれません。

ゲマインシャフトとは、人間が地縁・血縁・精神的連帯などによって自然発生的に形成した集団のことで、これに対してゲゼルシャフトとはその団体に加わって得られる利益が、成員の関心の中心になって結合されるもので、典型的な例としては会社・労働組合などが該当するのだそうです。

ところが、日本のカイシャについては永年にわたってイエのような存在、つまり相当程度ゲマインシャフト的な性格を持っている、という指摘を受けて来ました。だとすると、地縁・血縁集団において、先輩を差し置いて横紙破りに近いような発言を自制する動機が芽生えても不思議はないように思います。

まとめて言うと、インターンシップの学生さんはセキュア・ベースにある状態で学生的にふるまうことがもっとも自然な姿であり、創造性の発露もまたその影響を受けていると言うことができるのに対して、若手社員の場合はゲマインシャフトの末席にいる以上、分をわきまえた立ち居振る舞いをしてしまうため、先輩を差し置いた発言などは控えてしまう、というふうに読み解くことができそうです。

さらに、会社側の責任者について各社共通で見られた顕著な効果もありました。インターン生はみな、二十歳前後の若者たちなので、彼等に理解してもらおうと真剣に話すプロセスが、結果的には現場責任者の方にとって、改めて自社を正しく理解する機会になったという効果です。

また企業側や引率教員も参加するブレーンストーミングでは、異なる学科の異なる個性がぶつかり合うことで、多面的な分析がなされる点も効果と考えて良い点だと思います。

普段は違う勉強をしている学生が、同じ工場の同じ設備を見て何を考えるのか。そのような化学反応を目撃するチャンスは、実は引率教員の先生といえどもそう頻繁にあるわけではありません。

なぜなら学校ではまとまった学科ごとにしか授業をしないので、異なるバックグラウンドの学生たちがもたらしてくれる知的な「違い」が議論に反映されると言った場面はほとんど発生しないからです。

さらにM社の事例で顕著だったのですが、起きていることを総括してみると、つまりそれはどういうことか、という説明的な分析が、学生向けに平易な言葉で分かりやすく提供されることも大きなメリットです。

なぜならその過程で企業側が抱えている課題や強みとなりうる技術的要件が、理解しやすく整理されるからです。

一つ一つは取るに足らないことかもしれませんが、このような効果が積み重なることによって、確実に解決策へと近づける。産学連携の入り口に「課題発見型インターンシップ」を据えることで期待できる、それが確実なメリットなのです。

しっかりとした自己分析ができるくらいの技術力がある会社なら、そのようなまどろっこしい手続きを踏まずとも、直接的に共同研究へと進んだ方が時間とコストの節約になる場合も多いと思います。

他方で少なくない中小企業では、そもそもの段階で課題認識がブレていたり、事実関係の共有が進んでいなかったりということもあるので、インターンシップ受入を通じた課題整理をしておくことが、後々ボタンの掛け違えを生まないためにも重要なステップになるのです。

第五章のまとめ

- 若年層の転職は昨今ごく当たり前になっている。
- 産学連携に絡めた採用は転職予防の効果が期待できる。
- 産学連携もインターンシップから始めると取り組みやすい。
- インターンシップの課題を共同研究に立上げ、研究に参加した学生を採用する。
- 長期のキャリア形成を含めてオファーできれば採用確率を高められる（人財循環）。

第六章

産学連携で得られた強みを機会に投入する

マーケティングの視点から考える

ここまでお伝えした内容に沿って産学連携事案を上手くこなし、相応の差別性を持つ技術を確立し、知財に関する手当も遺漏なく済んだとしましょう。でも、ビジネスはまだ何も始まっていません。そうです、開発した技術やその成果をお客様に認めてもらえないことには、何もしなかったことと変わらないわけです。

ではなぜお客様は御社の技術や製品を買われるのでしょうか?

第三章でお伝えしたとおり、それは御社が共同研究先のタッグによる技術開発プロセスを経て、技術や製品を①より安く、②よりよく、③より便利に、④より社会のためになるように作り込んできたから、に他なりません。お客様が具体的にどの部分を評価されたのかについては、市場におけるコミュニケーションを通じて確認し、更なる改善へと生かしてゆくことになります。

この技術や製品を、もっと多くのお客様に買ってもらうための取り組みがマーケティングです。私はよく左ページのような図を使って相互の関係性を説明しています。

技術や製品には、上で触れた四つの属性が込められています。私はそれを「勝算」と呼んでいます。四つの属性のうち、少なくとも三つについて競合他社より優れていれば、市

■循環経済と「インパクトマーケティング」

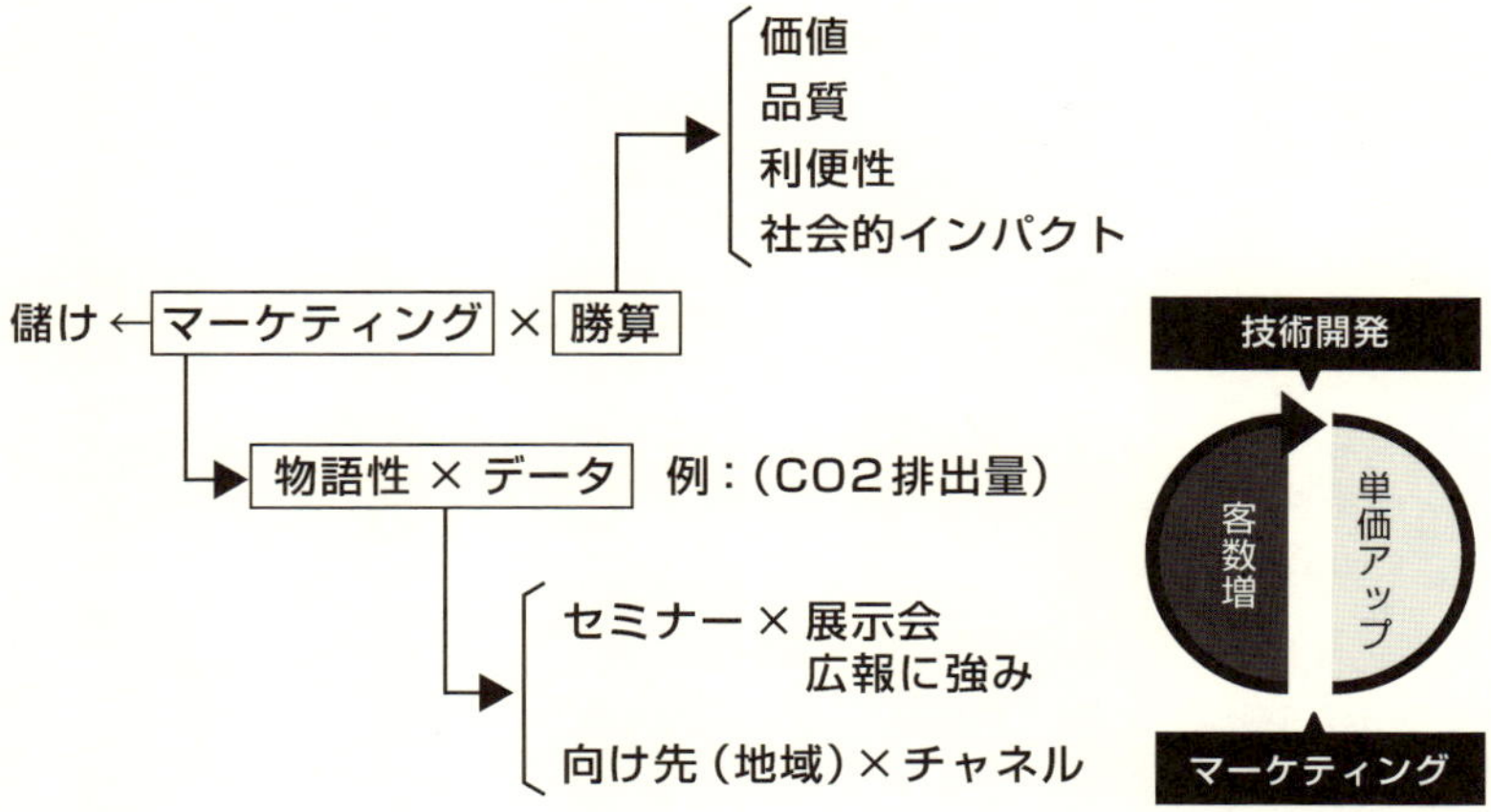

場競争力があると考えて良いでしょう。逆に二勝二敗だと競争はかなり厳しくなります。

このところ、大企業を中心として急速に関心が高まっている要素が「社会的インパクト」です。脱炭素がその最先端にあると言えますが、たとえば生物多様性の保全や人権にかかわる取り組みも評価される流れにあります。これを勝算に加えた考え方を、私は「インパクトマーケティング」と呼んでいます。

このマーケティングで訴求すべきポイントは、その技術や製品が持つエピソード（私は物語性と呼んでいます）と、そのエピソードを説明するためのデータです。

技術開発により性能がアップしたという物語は、性能を表す数値をデータとして伴うことで説得的になります。同様に、価格や利便性、社会貢献の部分についても、物語性×データで優位性を説明するのがこのマーケティングの基本です。

技術開発で担保され、性能的にはバージン材と互角、価格が安くて利便性も十分、それでCO2排出量が少ないとなれば、お客様へご紹介する物語性としては合格点だといえるでしょう。

これでインパクトマーケティングの品ぞろえは完成しました。あとは市場に出かけて、一人でも多くの見込み客に営業をかけて行くということになります。

市場へのアプローチ

新しい技術や製品をマーケティングするのには、さまざまな方法があります。それこそ個別の飛び込み営業から、既成の商談会、研究会などの発表機会、展示会、最近ではＳＮＳや動画投稿サイトの活用なども含まれます。

ベースになるのが新しい技術であることから、同じ営業機会でも説明のための時間や場所が確保されているものが良いでしょう。その意味からお勧めなのが①展示会、②自社セミナーの二種類です。

中でも展示会はテーマが統一されており、その分野に関心ある来場者に足を止めてもらって技術の中身を説明できるので、初期的な市場の関心を集めるためには好適な機会であると言えます。最近の展示会で「循環経済」は旬の話題ですので、特に効果が望みやすい状況にあると言えます。

展示会に比べて自社セミナーは、集客や会場準備などの手間やコストがかかるという欠点はありますが、何より優れているのは「自分が宣伝したい内容を、一回で伝えることができる」「質疑応答を通じて顧客の直接的な反応を深く確認することができる」という点で、これはその他の営業機会では得られないものです。

最近ではネットを活用したウェビナーなども頻繁に開かれており、遠隔地の潜在顧客に対するアプローチが格段にしやすくなりました。

そのような営業活動を、潜在顧客に周知するための工夫がメディアミックス戦略です。あくまで展示会×自社セミナーを核に据えて、それをどのように告知してゆくかを総合的に考えます。新聞、テレビ、業界紙、ポスター、バナー、アフィリエイト（注12）、その他のメディアを有機的に組み合わせて、最大効率・最大効果を追求するというアプローチです。

注12　インターネット上の「成功報酬型広告」の仕組み

組み合わせ方にもコツがあります。最も一般的なものは、展示会で潜在顧客を開拓し、それらを対象として自社セミナーを開くというパターンです。

この場合、メディアやSNSを使って展示会出展を広く告知し、来場者にセミナーを売り込んで、個別フォローによるセミナー集客につなげるという戦略を取ります。

脱炭素と循環経済

脱炭素への対応要請を受けて、市場では循環経済への関心が高まっています。マーケティング的に言うと、これは物語性を強化するための格好の切り口です。

再生資源の活用や長寿命化など、循環経済の枠組みで説明できる具体的な脱炭素対応に関する物語を前面に押し出して、それを説明するためのデータを組み合わせましょう。

最もカンタンな方法は、製造や輸送に関わるＣＯ２排出量を計算し、そのデータを開示することでしょう。自社工場を対象とした計算であれば、工場内で消費される燃料や工程そのものから発生するＣＯ２の直接排出量、いわゆるスコープ１に加えて、消費電力によるＣＯ２の間接排出量、いわゆるスコープ２についてそれぞれ消費量に原単位を掛け算することで算出することができます。

輸送の取り扱いは各社の事情によって異なりますが、最初の段階でどこまでを計算対象とするかを明確に決定しておくことでデータの信頼性を担保することができます。

ＣＯ２排出量の情報開示だけでも相応の訴求力を持つ情報ではありますが、それだけでは将来の改善を物語ることにはなりません。逆に毎月同じような数字を開示していると、改善が図られていないことへの批判を招くことにもなりかねません。

この部分で物語を強化するためには、脱炭素の実現につながる循環経済への対応が最も訴求力を持つと言えます。再生材の調達と利用をどのようにして実現したのか、今後さらに使用率を上げるために何をしようとしているかなど、循環性の向上実現への取り組みについて説明できると良いでしょう。データ的にはCO2排出量で十分だと思います。対比されるべきケースは、循環性を追求しないこれまでの製品や技術を使った場合、ということになります。やや仮想的な表現になりますが、その場合に想定されるCO2排出量を計算して対比させるのが最も説得的なアプローチです。

技術を強みにするための心得とは

競合他社に比べて、技術面で差別性を確保した状態のことを「競争力がある」と表現します。そうなるためには技術開発が成功し、知財権を確保し、操業実績を積んで顧客に納得してもらうところまで技術の習得に務めなくてはなりません。

このうち、知財権についてはおそらく一つで終わるケースは少なく、核となる特許の周辺を関連特許が取り巻くような形に納まる場合が多くなるはずです。

これは、技術開発を進めることに従って新しい知見が得られ、またそれを特許で保護するというプロセスが繰り返されることによるもので、あたかも強固な城を築いたら、その出城を作りさらにその先へ出城を作るというような手順を踏むことにより、知財面の守りを固めて行くという風景に似ています。通常は数年以上かけて取り組まれるプロセスなのですが、私はこれを「築城型知財戦略」と呼んでいます。

数年以上の時間をかけた強みですので、そう簡単に打ち破られることはありません。他方で、産学連携とはいえ学校に任せきりにしておけば自動的に得られる強みと言う訳でもありません。

学校はせいぜい、技術開発の基礎的な部分と知財確保くらいまでをリードしてくれれば大成功で、そこから先の操業実績と顧客への売り込みは御社が主体的に対応すべき部分なのです。もっと言えば、知財は他ならぬ御社の強みそのものですから、特許群をどのように配置し、特にどの部分を知財権で守るのかなど、全体設計の考え方についても御社が議論をリードすべきなのです。

この部分については学校側と密なコミュニケーションを取ることによって、戦略的な特許配置を行うように心がけてください。競合他社が対抗技術を発明しにくいように、発明したとしても優位性を保ちづらいように、複数の特許を組み合わせて陣地防衛策を講じるイメージです。

仮に特許が難しい場合でも、実用新案の登録や不正競争防止法による営業秘密の保護など、知財面での防衛策にはさまざまな選択肢があります。これらを有機的に組み合わせて技術を強みと呼べる体制を作り上げてください。

知の力が描く未来を現実に変えられるのは企業だけ

他方で知財、特に特許につながる発明は研究者である学校の先生にとっても重要な成果となります。前述したように御社と学校との共同研究契約では発明者が研究者であり知財については共同名義とするが、取得費用は基本的に御社が負担し、知財から得られる経済的利益は一元的に御社に帰属することが謳われます。

先生方は、この発明に関する論文を執筆・発表するとともに成果を文科省及び学会に報告し、研究者としての実績を高めます。文科省からも産学連携における実績は高く評価されますので、いわばウィンウィンの関係を深めることになるとご理解ください。何と言っても、論文で示された実験結果や真理は実験室だけの成果に過ぎず、それを社会実装して成果を社会に広める役割は、現業たる民間企業にしか果たせないのです。

この点をしっかりと踏まえて、前述した特許戦略の方向性についても、担当される先生とは密なコミュニケーションを保持されることを強く勧めます。

特許群を守り育てて行くうえで欠かせないのが、御社の操業現場から得られるさまざまなデータです。新たな発見は現場のデータからしか出てこないので、学校側もこのデータには強い関心を示します。

会社と学校の間で定期的な報告機会を設けたり、ある程度報告できる分量のデータが収集できたところで分析に関する研究会を開催したりする工夫は学校との縁をさらに深いものにしてくれます。

また前述のとおり、会社の実験室（ラボ）と学校の研究室をリアルタイムのネットワークで結び、常にデータを共有する（ラボツイン）という考え方もあります。ここまで環境整備を進めると相応の投資金額になりますが、最終的に技術を強みにすることで積極的な投資回収を図るという計画を作成・実現することで、御社の強みである知財群をさらに強固なものにしてくれることでしょう。

お客様の困りごとを技術で解消する覚悟とは

開発した技術で製造した製品や技術サービスを買ってくれるのはお客様です。その要求を技術開発に反映することで強みをさらに強固なものに仕上げて行く努力は何にもまして重要なものです。

マーケティングのところでご紹介したとおり、御社が提供できる強みは①価格が安い、②品質が良い、③利便性が高い、④社会的に評価されるという4つの要素から成り立っています。

二次資源の場合は元来が廃棄物由来ということで、価格面の優位性は織り込み済みという場合が多いかもしれません。その中で品質を担保し、なおかつ利便性が高く、さらに社会的にも評価される製品・サービスを提供しているわけですから、その競争力は盤石だ、と思われるかもしれませんが、基本的に競合他社も同様の取り組みを行っています。

産廃関連の事業者はどこもそうですが、会社によって少しずつ守備範囲が違います。その微妙な違いが技術基盤の違いになっている事例も少なくありません。そうすると、自社にとってはとても大変な技術開発だった要素が他社にとっては意外とそうでない、というような事態もしばしば発生します。

例えば耐用年数を過ぎた太陽光パネルの引き取りと処分という事案があったとして、全量を素材リサイクルに回す事業者があるかと思えば、品質検査をしたうえで活用できるパネルを再生利用しようとする事業者がいるかもしれません。

どちらの選択肢がより競争力を持つ提案になるかは事案によって変わってくるとしか言えないのです。

最近では特に脱炭素目標の引き上げなど、お客様の困りごとは時々刻々変化しています。そのような環境で技術を強みにする戦略を取るなら、何をおいてもまずお客様の困りごとその背景を正しく理解し、目線を高く保ってその先の変化を読んだうえで技術開発戦略に反映するという対応を取るべきです。

さらにお客様が持つ困りごとの将来的な動向については、機会を見て技術開発のパートナーである学校側とも共有しておくと良いでしょう。技術を強みにしてゆくための最大の情報源は常にお客様であることを、経営者としてしっかりと認識してください。

現場の受け入れ態勢に求められるもの

産学連携の成果たる新しい技術は、いずれかの時点で共同研究パートナーである御社へと引き継がれます。技術を活用するのは現場ですので、スムースな導入が可能となるよう受け入れ態勢の整備が課題となります。

現場の受け入れ態勢づくりは以下の6点がポイントとなります。

1．整理整頓
2．担当者（チーム）の確認
3．導入目的の確認と達成目標の共有
4．基礎的な知識のおさらい
5．フィードバック機会の提供
6．改善スケジュールの設定

まず「整理整頓」ですが、新しい技術の導入によって現場に何らかの新しい設備機器が設置されるケースが多いと思います。「整理整頓」とは、設置のためのスペースを空けること、電源・水・圧力・燃料などのサプライを確保すること、操作空間を快適に保つこと、掃除やメンテナンスのための作業空間を想定することまでを意味します。

第二の「担当者（チーム）の確認」は、関係者だけでなく外から見てもわかるよう、可視化して行うことをお勧めします。そうすることで新技術の導入が進んでいることを情報として社内で共有できるからです。

次に「導入目的の確認と達成目標の共有」ですが、現場のリーダーから作業者に対して可視化した目的の説明資料や数値化した達成目標を伝達してもらい、作業者間で理解の段差が生じないように事前の確認を行ってください。

次に「基礎的な知識のおさらい」ですが、学び直しを意味するリカレント教育、あるいはリスキリングと言われる要素で、具体的には中学・高校レベルの数学や化学の知識が該当することが多いようです。

新しい技術はなぜ効果を発揮するのか、その原理を理解しているのとそうでないのとでは、技術の運転やメンテナンスを担当する上で要求される精度に明らかな差が生じると言われています。
技術が、いわゆるＤＸが理想とする「誰がやっても同じ成果」という水準に達している場合は良いのですが、学校との共同研究で実現した技術は、使い勝手の部分においてそこまでの作り込みがなされておらず、むしろ導入時には使用者の理解度に依存する要素が大きくなる可能性が大きいことが多いのです。

次の「フィードバック機会の提供」については、現場作業者の素直な感想が開発者である学校側研究者を含めた技術開発チームに対して速く正確に伝えるということです。単なる修正で済むのか、ある程度手戻りを覚悟して改良を施さなくてはならないのか、

最後に「改善スケジュールの設定」ですが、フィードバックで得られた改善点を克服するための工期と予算の獲得と実施を意味します。技術を現場が習得するには、ひたすら１～６を繰り返すことです。そこまで目配りをすることで、産学連携の成果は確実に御社の強みを支えてくれるようになるのです。

Ｔ社の事例では、工場の近くに取得した空きビルに小さなラボの設置を計画するところ

からスタートしました。導入目的である「データ分析と高専との情報共有」については現場担当者と考え方をしっかり共有することができたと思います。

リカレント教育やフィードバックと改善はこれからのテーマになるのですが、新たに技術を担当する部署が社内に位置づけられ、インターン生の就職も実現する方向にあることから、組織が受け皿として機能する準備が着々と進んでいる段階です。

価値を正しく理解する

技術という強みを身につけた御社がその強みを投入すべき機会とは、そもそも何なのか。かなり根源的な話なので、それを平易に理解して説明できるようになるには、ある程度の訓練が必要かもしれません。「脱炭素型都市鉱山」のようなキャッチフレーズがあると少しは分かりやすくなるのではないかと思いますが、いかがでしょう。

この本の冒頭では、ゴミをおカネに変える切り口として、①有害物質除去（選別の高度化）、②未利用資源の再利用、③ゴミの減量化、④新たな価値の循環の４つを挙げました。

これらはいずれも英国のエレン・マッカーサー財団が提唱するサーキュラーエコノミー（循環経済）に関する原則論で謳われている考え方です。つまり、国際社会で議論されている循環のあり方をそのまま踏襲したものであるとご理解いただいて構いません。

ではサーキュラーエコノミー自体は何を目的としているのか、というとそれは経済成長と環境保護の「デカップリング」であるとされています。

ここでいう「デカップリング」とは、これまで経済が成長すると必ず環境の悪化を招いて来た。しかしながら現代社会はこれ以上の環境悪化を受け入れられない、他方で経済の成長は必須とされていることから、経済が伸びても環境が悪くならない仕組み（デカップル：分離された状態）を作ろう、という思想が考え方の根底にあります。

実際の話として、経済のあり方を循環的にすればするほどＣＯ２排出量を減らせる、という面は、かなり強く存在しています。

つまり、技術開発で得た強みを投入する機会とは「サーキュラーエコノミー」が目指す経済と環境のデカップリングである、さらに簡単なコトバで言えば商売を伸ばしつつＣＯ２を減らすことである、と表現できると思います。

事例④でご紹介したＪ社も、サーキュラーエコノミーへの貢献を目指して産学連携による技術開発に挑んでいます。この会社は、貢献度を数値で表すためにライフサイクルアセスメントの考え方を踏襲したデータ分析を行い、自社のＣＯ２排出量をモニタリングする仕組みを導入しました。すると、黙っていても毎月半ばに「先月のＣＯ２排出量」が社内情報として共有されるようになったのですが、それに影響されてか社内で少しずつ環境問題に関する情報が共有されるようになってきたそうです。

世間の関心も高く、実際の商機にも直接つながることから、会社にとってＣＯ２削減が大きな機会である、という考え方を共有し、それを目標とした強み活用戦略の立て方を皆で考えることが成功の秘訣だと言えるでしょう。

独自メディアを大切にする

強みを機会に投入するために、最も重要なことは将来のお客様とのコミュニケーションを円滑に保つことであると言っても過言ではありません。「良いサービスなのに売れない」という事例のほとんどは、見込み客層にリーチしていないことが原因です。

たとえ顕在化しているニーズであっても、それに応えるサービスの存在が見込み客層に届いていないとすると、当たり前ですがお客様側に購買行動を起こしてもらうことはできません。

ましてや「再生材提供によるCO2削減」など、ニーズが顕在化しているかどうかわからない商材については尚のこと、お客様に認知してもらうことが重要なのです。

具体的にはメディアミックス、つまり媒体選びのバランスを第一に考えます。

メディアミックスはSNSなどのITメディア、新聞やテレビ・ラジオなどの既存メディア、自社セミナーや自社主催商談会・展示会出展など独自の演出が可能なメディア（独自メディア）を組み合わせて最大効果を狙うという考え方ですが、このうち独自メディアを核とする考え方や戦略が作り込まれていないと、どうしてもITメディアや既存メディアの活用がおざなりになってしまうのです。

それとは逆に独自メディアの内容が充実していると、その充実ぶりがにじみ出てくるため、既存メディアやITメディアへの露出も人の目を引く内容になりやすいという連関性があります。

まずはポスター、チラシ、バナー、パラペットなど独自メディアの中身をしっかりと作り上げること、自らのコトバで循環経済の利点を納得的に説明すること、セミナー・展示会への来場者に具体的な商談への興味を持ってもらうことを目標にすることが第一です。

いわゆる営業活動の計画を構築する際も、セミナーや展示会、商談会などの独自メディアを中心に全体計画を考えるようにします。日常の営業活動や各種プロモーションも重要ですが、これらは詰まるところセミナーや展示会への集客を行うためのもの、と割り切るくらいの考え方が求められます。

次の一手を考える①　販路開拓

産学連携で得られた強み（御社にとっては新商品と言えます）を機会に投入しようとする場合には大きく分けて二つのパターンが考えられます。
①これまで自社が営業してきた市場（既存市場）を対象とする場合、②これまで自社の営業経験がない市場（新市場）を対象とする場合の二つです。
既存市場へのアプローチについては、勝手知ったる市場ですのでお客様へのアプローチ

という面の不安はないと思いますので、あとは新商品の性格をきちんと説明できるか、それが持つ特徴をしっかりと表現できるかがポイントになります。

前述したとおり、①価格、②品質、③利便性、④社会的インパクトの4つの視点から新商品のメリットを説明する中で、①～③は見ればわかるのに対して、④は「なぜこの商品が社会から評価されるのか」をきちんと説明できる必要があります。

社会的インパクトについてしっかり理解できていないと、説明自体が上滑りとなり、お客様に納得いただくことはおろか、却って不信感を持たれる原因になることすら発生します。

ここは外部の知恵を使う価値がある場面と言えます。営業トークの原稿作り、想定問答やシナリオ書き、背景となる社会情勢の分析や関連情報の共有など、経験ある外部人材からのインプットが生かせるからです。

新市場へのアプローチを求められる場合は、更に専門コンサルタントの知見を活かす場面が増えてくることでしょう。これまで全く接点がない業界へのアプローチを考える上で有効なのは研究会や学会などの枠組みを使うことですが、専門コンサルタントの多くがそのような組織に参加しています。

たとえば循環経済に関するものであれば、一般社団法人循環経済協会や、サーキュラーエコノミー・広域マルチバリュー循環研究会などが挙げられます。

これらのチャネルを通じて、時にはお役所のサポートも得ながら市場開拓を目指すのが、特に④「社会性」を重んじたアプローチをとる上では好適なオプションだと言えます。専門コンサルタントを適切に使うことで、会社単独では難しい「社会性」という視点を強みに取り込むことができるのです。

次の一手を考える②「学」との関係

産学連携による技術開発を上手く進めるために重要なのが学（つまり研究者たる先生方）との良好な関係作りであることは論を待たないのですが、前述したとおり文化や価値観の違いが原因となり、企業の論理だけでは良好な関係構築と保全が難しいという場合も少なくありません。

産学連携案件を多く手掛けたコンサルタントであれば、民間企業と学校の違いを肌で知っているため、双方の考え方の違いや真意を適切に仲介してくれることが期待できます。また、コンサルタントも「産学連携が成果を出してナンボ」という商売であることに変わりはないため、中立的な視点から見たリスクの排除について敏感に対応してくれます。

そしてその効果が最も期待できるのが、学校側で基礎的実験を終えて、現場での実装を企業側が引き継ぐ場面から、商品やサービスの市場投入までのフェーズです。

現場が何に取り組まなくてはいけないか、学校側から伝えられる手順や留意点についてどのような準備が必要で、日常の操業環境において何をどう使えば良いか、操業マニュアルはどう整備すれば良いかなど、企業側が自らの努力によって補完すべき要素は多岐にわたります。

技術移転に関して実績あるコンサルタントであれば、計画から実装、そしてフォローアップに至るまで、学校との連絡調整を含めてきめ細かくサポートしてもらえる点が大きなメリットなのです。

さらにコンサルタントを使うメリットとして、第四章で詳しく紹介した人財獲得の成功確率を上げられることがあります。

特に高専では、学校・学科によって必ずしも研究者の先生が学生の就職をケアする仕組みになっていないケースもあるため、インターン生や研究室の学生に就職をオファーしたとしてもきめ細かいフォローアップが期待できる場合ばかりとは限らないという現実があります。コンサルタントを立てることで、「共同研究の成果を生かすための人財確保」という一貫した取り組みを安定的に実施することが可能になるのです。

次の一手を考える③　データとエビデンス

産学連携により開発された技術を実装し、それを強みとしたビジネスを作り上げる上で、何より重要なのが①データの蓄積と分析、②それに基づくエビデンスの整備です。

東京・板橋にあるI社の事例では、産学連携によって開発した有機肥料が作物の育成を促進し、なおかつ病害予防に効果があるとの実証データが得られたことを踏まえ、そのデータを「低リスクで高収益型の有機農業を始められる」ことのエビデンスとして活用する営業を展開してユーザーを増やすことに成功しました。

このように、データの蓄積と使い道について企業の立場で提案してくれる点がコンサルタントを使うもう一つのメリットだと言えます。

学校の先生方は、科学技術の視点からさまざまな知恵を出してくれますが、それがビジネス的にどのようなメリットにつながるかという点の説明は企業側の責任で対応しなくてはならない部分です。

その点について、客観的な視点から壁打ち役を引き受けてくれるのがコンサルタントなので、営業的な視点からどのようなデータを蓄積し、どのようなエビデンスとして用いれば良いかなど、積極的に相談してみることをお勧めします。

産学連携を通じて得られた強みは、技術面で確実な優位性をもたらしてくれます。他方で営業面の展開は御社の対応がモノを言う場面ですので、知財管理やコンサルタントの活用を含めて、市場にクサビを打ち込むための万全な対応を心掛けてください。

第七章では、そうして築いた営業的な足がかりを、安定的な独自市場へと広げるための取り組みについて解説します。

第六章のまとめ

- ゴミをおカネにするビジネスをマーケティングの視点で考えることは有用である。
- ①価格、②品質、③利便性、④社会性を高水準で満足させることを勝算と呼ぶ。
- マーケティングの訴求ポイントは、①物語性、②データの二点である。
- お客様の要求を技術開発に生かす視点が重要である。
- 課題の解決に向けたコンサルタント活用も一案である。

第七章

新しい「業界」が生まれている

産学連携を通じて、知財を取得した技術が全く新しいビジネスチャンスになる。ちょっと考えると夢みたいな話かもしれませんが、実は必ずしも珍しい話ではありません。リサイクル業界で良く知られている事例としては、ＪＲ東海の新幹線車両が水平リサイクルされるようになったというケースがあります。

それまで存在していなかったバリューネットワークとして、ＪＲ↓産廃事業者↓アルミリサイクラー↓アルミ部品メーカー↓車両メーカー↓ＪＲという、閉じたネットワークが構築されたという事例です。

新たな需給の発生に伴い、新たな「業界」が組織されたというようなイメージです。最近のコトバでは「プラットフォーム」、という呼ばれ方をする場合もあるようです。

以前はどうしても光が当たりにくいニッチな分野だったこともあって、廃棄物の再資源化は技術的には手付かずに近い状態のままという例が少なくありません。

それが気候変動対策や循環経済に関連して注目を浴びるようになったことから、今後ブルーオーシャン的に、それまでなかった新しい技術開発の事例が一気に出てくることもありえると言われています。

この本ではそれを「脱炭素型都市鉱山」と表現しているのです。

新しい事案が出るたびに新たな取引関係、いわゆるサプライチェーン（循環経済の世界ではバリューネットワーク、と呼ばれています）を構築する努力が求められるという要素がついて回るのは、もともと産廃事業者もしくはリサイクラーの多くが専業的な存在であり、他の分野と活発な交流をしているという事例が必ずしも多くないという特性にも負うところがあります。

これまでは、自分の畑に引っ込んでいても仕事ができたという時代だったのですが、これから先は自分たちが供給することになった再生材由来の新しい価値を、ユーザーであるお客様の好みに合うように仕上げて、かつ求められた量を納期通りに届けなければならないという、新たな要求に対応する必要が出てくるということなのです。

経営者は、そうしないと儲けが確保できないことをしっかりと認識すべきです、新しいビジネスはネットワーキングで稼ぐということを。

産学連携による技術開発もそうですが、会社としては積極的な営業や顧客とのコミュニケーションが求められるようになる、という変化の方がむしろ強いインパクトをもたらすことになるのかもしれません。それをやってのけられる会社にだけ、儲ける資格があるとお考え下さい。

脱・自前主義の難しさ

これもよくあるパターンですが、循環産業に技術がもたらす便益の一つに「選別の高度化」と呼ばれるものがあります。混ざって出てきた廃棄物を、プラスチックであればＰＰ、ＰＥ、ＰＳなど品種ごとに選別する技術が向上すれば、それだけ再生材としての価値があがることになります。

そしてそうすることができれば、今まで処理費を払っていた廃プラが燃料として売れたり、燃料にしかならなかった廃プラが再生材の原料として売れたりするようになることが期待されるのですが、実は世の中そう甘くはありませんで、再生プラスチックを使っても良いというユーザーにも顧客ごとに異なるニーズが厳然として存在します。

それはたとえばロットサイズだったり納期だったり、在庫水準だったりするかもしれません。バージンのプラスチックは、そもそも安くて高品質であることに加えて、このあたりの要求条件にも見事に対応してくれます。

また、ユーザーによっては再生材でもバージン材でも構わない、その代わりこの部分は必ずこうして、みたいな条件を言ってくることもあります。

そういうお客様であればまだ脈ありと言えるのかもしれませんが、難関は「ウチはウチの系列からしかサプライを受けられない」みたいな自前主義を振り回してくる場合です。昭和の時代にはそういう事例があちこちで見られたものですが、減少しているとはいえ現代社会にもまだしっかりと生き残っています。

こういう事例の決定要因は商慣習なので、正面からのアプローチで壁を突き崩すのはなかなか難しいかもしれません。

しかしながら、たとえばCO2排出量（カーボンフットプリント）が小さいなど、再生材ならではのメリットを訴求しつつ、最終的な意思決定権者（たとえば社長）へのアプローチができたことで、高いと思われていた壁があっさり崩れたという例を目撃したこともあります。

状況次第ではありますが、脱炭素への動きがこれだけ加速してくると、岩盤も崩れることがある、と考える方が現実的なのかもしれません。

結局すべては最終的に経済原則に立ち返るということなのですが、カーボンフットプリントを皮切りとして環境価値が貨幣換算されるようになってゆくことがポイントなのです。

循環経済が作る新しい儲けのチャンスとは

このようにして再生資源の利活用が進んでくると、原初的には鉱業産品の確保から精錬・精製を経て、産業向けの原材料として（特に日本の）市場へ投入されるという古典的なサプライチェーンに加えて、また分野によってはそれに取って代わる形で、廃棄物の再資源化（いわゆるそもそもの「都市鉱山」です）を中心とした新しいサプライチェーンが重要な働きをするようになります。

なにしろ2050年までにCO2の総排出量を実質ゼロにしなくてはいけないという締め切り付きの話なので、この新しいサプライチェーンはおそらく同時多発的にあちこちで、しかもさまざまな形態のものが立ち上がってくると思われます。まさに「脱炭素型都市鉱山」です。

小規模なオペレーションがあちこちに分散するものもあれば、最初から設備集約を追求するタイプのものも出てくるかもしれませんが、いずれの場合も「そのほうがCO2排出量を減らせるから」という決まり文句に基づくものになるだろうと思われます。

これら二つの、かなり性格を異にするサプライチェーンがどのように共存してゆくのか、あるいは競合的な位置づけに立つのか、今の段階では、何とも予測しづらいところがあります。

かつての事例では、たとえば自動車向けの代替燃料として注目されたバイオ燃料が結局普及しなかったように、循環的なサプライチェーンは排他的脅威の萌芽とみなされて市場から排除されることもあったわけですが、昨今の気候変動問題はその重要性において過去の扱われ方とは質が違います。

ありうるとすれば、むしろ経済全体が、予想を上回るスピードで循環型サプライチェーンへの移行を志向しだすのではないかとすら考えられる状況ですが、肝心の再生資源が必ずしも潤沢に確保されるとは限らないことから、経済全体については慢性的な供給不足の状態が続くのではないかと思われます。

そうなるとますます、資源を大切にする経済がその価値を増してゆくことになるのではないでしょうか。おカネはその流れに付いて来ると考えるのが自然です。

プラットフォームが果たす役割とは

循環経済がそのメリットを最大限に発揮するためには、オープンイノベーション（外部との研究開発協力）の実現を通じて、慣習以上のいわれを持たない自前主義を打破したうえで、循環経済がもたらす脱炭素などの便益を金額に変えて、参加企業全社の共通利益として公平に分配することが求められます。

その分配を担うのがプラットフォームの最大の役割です。根源的には各社バラバラかもしれない思惑をリーダーがしっかりとくみ取ったうえで、共通利益を実現しておカネの形で上手く分配する。

文字に書くとカンタンに見えますが、①オープンイノベーションによる自前主義の打破、②共通利益の実現と分配の二つを同時に成し遂げなくてはいけない立場ですから、リーダーの役割は極めて重要になると言えます。

他方で、いったんリーダー役の差配がきちんと動き始めると、外部との協力も今まで何事もなかったかのようにスムースに動き始めます。

これはもしかすると、動き始めたプラットフォームという新たな「自前」が登場し、そこでも別の「内と外」の境界線ができたことを意味するのかも知れません。そうであってもなくても、新たな便益の生産と分配が機能しだすということは、プラットフォームが期待された役割を果たすことを意味します。

定常的な運営はリーダーの裁量に任せても構わないのですが、プラットフォームを通じた廃棄物や資源の循環が上手く稼働しだすと、海外展開など地理的な横展開や、取扱品目の多元化など新たな儲けのチャンスが見えてくることがあります。

このような展開については、それまでの責任や権限を越えた課題であると整理して、プラットフォーム構成員間で対応を協議できるよう、あらかじめ調整機能を設定しておくと良いでしょう。

リーダーシップの重要性

「脱炭素型都市鉱山」の開発を進める上では、右でも述べたように、リーダーシップは状況判断に基づく適切な差配を行うための機能として大変重要です。そのための情報収集や、判断基準の見方について常に構成員とコミュニケーションを取っておくことはリーダーとしての必要条件であると言えます。

そしてそれ以上に、いわばリーダーシップの格を決める要素と言えるのが、長期的な儲けのビジョンを提案できる能力なのです。

日常業務のリーダーであれば、日本のビジネスマンはその多くが上手くこなすだけの資質や経験を持っています。しかし、長期のビジョンとなると話が変わってきます。

若い人の中にも大きく儲ける優れたビジョンを持っている人がいるかと思えば、経験豊かなベテランの中には過去のしがらみが掉さして、パッとしないビジョンしか語れなくなった人がいたりするものです。

プラットフォーム全体として、生き生きと未来を目指して行けるのも、共有されたリーダーのビジョンが一級品で、しかも現実的なものだから、というパターンは、成功事例にとても多いです。

代替わりした途端、構成員の反応が悪くなったり空気が停滞したりすると感じる場合には、リーダーシップの変化に原因があるのかもしれません。おカネ的に見て前任者の掲げたビジョンに負けない強い気概を込めた新しいビジョンを掲げてみてください。

また、ゼロからプラットフォームを立上げ、循環経済モデルを一つでも完成させようとする経営者は、プラットフォームのリーダーとしてしっかり振舞えるよう、日頃から研鑽を積んでおくことが重要です。

状況を的確に判断してしっかり儲け、収益が公平に分配され、外部からの評価も高まるような運営を、外部の人が支持してくれる拠り所こそがそのビジョンであるということを忘れずに。

事務局の役割とは

プラットフォームあるいはバリューネットワークを自律的に動かしてゆく上で欠かせないのが事務局仕事を引き受けてくれる存在です。

それが政府のプロジェクトであれば周辺の各種団体やシンクタンクが、大手メーカーの肝いりであれば総合商社が、また時によってはコンサルタント会社がそのような役回りを引き受ける例が多いようです。

事務局が重要なのは、たとえば会員相互のコミュニケーション機会を段取りして実施するというプロセス一つとっても、いわゆる事務局仕事が必ずついて回ることに加えて、数年以上継続する取り組みの中で人は次第に変わってゆくため、定点に立って歴史を語れる存在がどうしても必要になって来ることなどにその理由があります。

そのような事務局仕事を積極的に引き受けてくれる機関や団体を見つけられれば、プラットフォームの運営自体は半ば成功したようなもの、とさえ言えるかもしれません。

とはいえ、そもそも事務局は裏方としての立場しか約束されていないため、なかなか表立ってスポットライトを浴びる機会には恵まれないと言えます。コストもかかるため、商売が回るようになるまでの間は手弁当で、という例が多くなることは覚悟しておくべきでしょう。

逆に言えば、独立した事務局があって一人でも専従者がいる状態は、それだけで取り組みとして合格点をもらえるくらいのものだと言えます。

新しい業界は、異業種との間に生まれる

廃棄物関係の仕事をしてきた人間たちにとって、異業種との付き合いは必ずしも簡単なものではありません。

そもそもの業界文化に違いがありますし、外部から見ると何となく敷居が高いように見える要素も残っているからです。

でもそこを乗り越えて、人間対人間で付き合うことを心掛けてください。会社のカベを乗り越えて一緒にビジネスをやる関係づくりにどれだけ成功するかが、循環経済の勝者となれるかどうかを決める最大の要素です。

まさにカベがなくなればカネが回る、そういう場面だと思ってください。再生原材料を使っていただくユーザーは、食品業界かもしれませんし、あるいは化学産業かもしれませ

ん。いずれも廃棄物業界とは必ずしも距離が近くないであろう人たちです。共通言語も探しづらく、信頼関係はおろか、最初のうちは会話を持たせることすら難しいのではないでしょうか。

そこで扉を開く鍵となってくれるのが、技術開発を通じて強みとした新技術だったりします。なぜなら選別の高度化や未利用資源の再利用という文脈は、ユーザー目線でも十分に魅力ある話題だからです。むしろ、ユーザーは再生資源に対して何を望むのか、それはなぜなのかを聞き出す千載一隅のチャンスと捉えて関係を深めてください。

そこから先はビジネスで握れるはずです。いつもカネの話では芸がないと思われる方は、価格・品質・利便性・社会性のうち、社会性にかかわる話題、たとえば57ページでも紹介したＳＤＧｓやサーキュラーエコノミーへの取り組みなどについても業界を超えた話題として触れていただけます。

相手が興味を示してくれれば、ぜひとも物語性とデータについての考え方も共有してください。そうすることでネットワーク上の協力関係の基礎が形成されるからです。

異業種間連携が向かう先とは

異業種間連携、いわゆるオープンイノベーションを成功に導くには、何よりもウィン・ウィンの関係が見えることが重要です。そうすることでしか相互の信頼関係を固めることが難しいからです。

ウィン・ウィンの関係が安定化することで、オープンイノベーションは「新たなる身内の関係」として機能しはじめます。

まだ関係に慣れない最初のうちは、やれ守秘義務契約書だ、現金決済だといった杓子定規な話が飛び交うことと思いますが、契約関係が落ち着くとともにいわゆる信用取引に近い仕組みへと移行してゆくイメージです。

それまでは業界の違い、またはカベを超えた「ソト」との付き合いだったものが、まさに新たな「ウチ」へと変化してゆくことで、そこに新たな「業界」が構成される。この本でも繰り返し指摘してきましたが、異業種間連携をぜひともそのレベルまで立ち上げていただきたいということです。

そこに新しい価値が生まれ、新たな成長機会が生成される。言い換えれば、成熟しきった日本経済、成長機会が食い尽くされた世界経済が見出しうる新しいビジネスチャンスとして、ぜひ注目していただきたいと思っています。

ポイントは、他社との連携（いわゆるオープンイノベーション）のリーダーシップを取ってゆくのが、これからの循環ビジネスに期待される大きな使命であるということです。

なぜなら、循環ビジネスが参加しない限り循環のループが閉じることはないからです。それが上手く行かなければ、脱炭素も資源制約解消も絵にかいたモチに終わるでしょう。

というわけで、当然そこには大きなおカネがついて回ります。それをしっかりと差配して、参加した皆を幸せにする義務が、リーダーたる循環ビジネスには期待されるのだということをぜひご認識いただきたいと思います。

支援を受けるとするならば

新しい循環型のバリューネットワークについて、オープンイノベーションの枠組みを作れるメンツが集まったとして、できればそこに公的な支援の手が差し伸べられると市場からの信頼度が高まります。

具体的には、経済産業省系であれば新エネルギー・産業技術総合開発機構（ＮＥＤＯ）による各種委託事業などの支援が最もイメージしやすいのではないでしょうか。

毎年春に公募が始まる競争的な支援ですが、ここ最近の流れを見れば、脱炭素への貢献や資源循環に資する提案は高得点が期待できるので、ぜひ積極的に提案していただけると良いでしょう。

これらの支援制度を通じて公的な機関とつながっておくことは、市場に対して技術のみならず取り組む体制そのものの信頼性を証明することにもなるので、技術の中身が決まったらなるべく早いタイミングで応募を検討し始めることをお勧めします。

新しいバリューネットワークが動き出すと

公的支援への応募手続きと前後する形で、おそらくは比較的小さなロットになると思いますが、最初の取引がスタートします。技術のオーナーからバリューネットワーク上のパートナー企業へ、パートナー企業の脱炭素に貢献するような商材が納品されるイメージです。

このタイミングで、いわゆるパブリシティの取り組みの一環として、ぜひともメディアの取材を受けてください。

パブリシティの仕込みは、こちらから紙に書いた文章をメディアの窓口に投げ込む「プレスリリース」が一般的です。御社の取り組みが社会性の面で強みを持つものであることを積極的に訴求します。

プレスリリースへの反応があった場合、チャンスがあればインタビュー等にも積極的に対応します。ここで提供していただきたいのが、前述した「物語性」と「データ」です。

とは言っても、いきなり細かい話をしてもメディアが着いてこられないことも多いので、まずは脱炭素とか、持続可能性と言ったわかりやすいコンセプトに紐付けた説明から入るのが良いでしょう。

社会性の面で評価しうる新しい取り組みであること、そして何よりそこには新たな市場が創造されたことまでをしっかりと報道してもらうよう、情報は惜しみなく提供してください。

ここでは「新たな市場が創造された」というニュースが実は一番重要で、その情報が同業他社に伝わることで、市場の反応は自発的かつ連続的な問い合わせとなって返ってきます。そこから先の取引は一気に拡大しますので、体制面で後れを取らないようにしっかりと計画を立てておきます。

プラットフォームの効用

バリューネットワークが拡大してゆく中で、初期のプラットフォームを構成していたメンバーについては○○協議会、のような枠組みで同心円の中心から近いところに居続けてもらうのが理想的です。

公的支援を受けた新しい循環を最初からともに支えた人たち、というステータスなので、その彼等にも公正・公平に成果をシェアしてもらいたいからですが、公益法人や公立研究機関など、公的な色彩の強い機関では特に、必ずしもそのような取り組みに参加したがらない人たちも居ますので、無理に誘い込む必要はないかもしれません。

周辺の、誰でも知っている会社や団体が参加しているという事実が、プラットフォームの信頼性を高めてくれます。逆にそういう存在が抜け落ちていると、プラットフォームとしての魅力は半減以下に落ち込みます。その意味でも、「○○といえばこの先生」というような核となる研究者や企業は、ぜひともプラットフォームの運営側に取り込むようにしてください。

2023年末の時点で、循環ビジネス全体をめぐるプラットフォームとしてはすでにいくつか全国規模の動きがありますが、先行的な取り組みがとても上手に立ち上がりつつあるところ、後発の取り組みにはたとえばアカデミアの顔が見えなかったり、具体的な技術の強みが今一つはっきりしなかったりと、外から見ていて不安に見える部分が残っているようです。

複合循環[注13]がもたらす未来

このところ、世間的にはサーキュラーエコノミー（循環経済）に注目が集まっています。この本では、循環経済と脱炭素の動きと重ね合わせると、おのずとそこには新たな儲け代が見えてくるはずですね、ということを繰り返しお伝えしているのですが、それは単に循環性を高めるとか、リサイクル品をたくさん使えばよいという発想ではなく、需給プロセスの中で今まで見過ごされてきた価値を経済に取り込むことで、経済全体も良くなりましょうという考え方が織り込まれています。何と言っても「〜エコノミー」なので、経済的に何とかなることがまずは最優先だろう、という考え方です。

※**複合循環**（注13）巻末資料参照

よく議論になる話として、ＰＥＴボトルのリサイクルは破砕して再生するメカニカル式が良いのか、それとも化学的に分子レベルにまで落とし込むケミカル式が良いのかという話があります。

この本の冒頭（注14）でも紹介したとおり、前者はコスト的な優位性を持つ反面、何回かリサイクルを繰り返すと品質的な劣化が避けられないと言われています。

他方でケミカルリサイクルはＰＥＴ素材をバージン材と同じレベルに戻すことから劣化とは無縁である、その代わりコストが高いと言われています。

注14　Ｐ39参照

私は、ＡかＢかという二者択一の議論ではなく、その経済がこれら技術の提供する価値をどれだけ引き出せるようにするかがポイントなのだろうと思っています。

たとえば、個々のボトルの状況を診断することで、最適なリサイクル方法を選別する技術があれば、二つの技術は社会の中で併存するかもしれないわけです。

むしろそうなるためには何が必要なのかを考え、その不足分を新たな技術開発で補うような考え方こそが求められてゆくのではないか、そうすることで社会全体の資源効率をより良いものへと変えてゆく努力こそがサーキュラーエコノミー的な取り組みなのではないか、と考えているわけです。

武器は技術、成果は儲け、そして脱炭素であると、未来の姿を私はそんなふうに描いているのですが。

第七章のまとめ

●循環を構成するバリューネットワークを構成するパートナーとの連携が重要である。
●自前主義を如何に打破できるかがポイントとなる。
●ＣＯ２削減を共通の目的とする連携構築が今後の主流となる。
●プラットフォーム運営に重要なものは、主導者のリーダーシップである。
●プラットフォームの事務局も相応に重要な役割である。
●異業種との付き合いにも積極的に対応すべきである。
●将来は、業界をまたぐ「複合循環」が当たり前になる。

第八章

複合循環時代の技術開発の方向性

技術開発から市場創造へ

第七章では、資源効率を上げることが儲けにつながるような技術開発を志向するというお話をしましたが、そのためには市場が上手く機能してきちんと儲けを生み出してくれる必要性があります。これこそが経済の循環化がどこまで進んだのかを見極めるポイントだと言えます。

技術開発によって生み出された製品は、これまで市場に存在した商材と材質的に同等であったとしても、作り方の違いによってたとえばＣＯ２排出量が相対的に少ないなどのアドバンテージを持っている場合が多いのですが、他方でそれを実現するためにこれまでと異なる作り方を経ている場合が少なくありません。「脱炭素型都市鉱山」の、それが宿命かもしれません。

そうすると、多くの場合は市場が「新しい商材は、これまでと全く同じ商材である」と認知してくれるための検証や認証プロセスに相応の時間や手間がかかります。

たとえ作り方が違っても、元素や化合物としての性状が同じであれば同じ商材のはず、なのですが、同じ鉄でも電炉材と高炉材が厳然と区別されていることを思えば、初めて市場投入する段階では特に慎重な対応が求められることを想定すべきです。

具体的には、第三者による実証実験データの取得に続き、認証や仕様登録などの手続きが求められる場合がありうるということです。既に存在している基準だと、そもそもバージン材を想定した厳しい品質基準になっていることが想定されます。

仮に既存市場が新しい商材に対して品質基準等から排除的な動きを見せるようであれば、一つの考え方として電炉鋼がそうであったように、新しい市場を創造する、というアプローチもあり得るのかもしれません。

電炉鋼がユーザーから支持を得て一定の市民権を得たように、技術開発の成果として生み出された新たな商材にはそれにふさわしいマーケットがある、というような展開です。長い目で見れば、経済そのものが確実に循環化してゆく流れにあるため、一過性の取り組みに終わる可能性もありますが、そうしたほうが早く市場性を確保できるなら、新市場の創造は取り組むべき課題だと言えます。

とはいえコトバにするのは簡単ですが、市場創造は間違いなく長い道のりになることでしょう。ユーザーに信頼され、それに応えるための安定供給ができるよう環境整備を行い、その中ではさらなる技術開発が求められるかもしれません。

これは、一人のエンジニアにとってみれば職業人として一生分の仕事になるくらいのボリュームを持つものだと思います。

市場はさらなる技術を求める

新しい技術＝新しい商材が市場に受け入れられたとして、ほぼ間違いなく市場は付随するさらなる価値を求めてきます。「これができるなら、あれはないの？」その意味において、お客様は常に天真爛漫かつ天衣無縫です。

そこで顧客ニーズを満足させるために追加投資へと舵を切るのか、それとも開発した商材のみでしっかりと儲けを取る方向へと進むのか。経営者としては難しい意思決定を求められる場面です。

かの一倉定氏は、「経営者がいるべき場所は社長室ではない、それは常に顧客のところである」と言っていますが、けだし名言です。

顧客の考え方は顧客からしか学べません。それを貫いて初めて成功があるのだと思えば、「常に顧客と接する」場所で仕事をすることの重要性をご理解いただけるものと思います。

顧客の声として「もっとこういうのはないの」「こういう用途にも使いたい」そのような反応が出てくればしめたもの、それは同時に循環を支える新しい技術に対して市民権が与えられたことを意味します。

考えてみれば、戦後の高度成長期から現在に至るまで、日本の産業技術はそういった技術開発の歴史を積み重ねてきたのですが、新しい技術開発のための余地が狭まったことにより「失われた30年」とまで言われる停滞期に入ったというのが私の読み解きです。

序章でも述べた通り、これはスペースのないところでサッカーをしようとしている状況に似ていて、何をやってもそこにはすでに誰かいる、新しい展開を図るには何よりもスペースが必要だ、そんな状況です。

この本でご紹介したゴミをおカネに変える技術は、そんな行き詰まりを打開してくれる、新しいスペースを生み出す原動力であり、生み出される「循環」という名の新市場はまっさらなスペースそのものなのです。

私は何も難しいことを申し上げているわけではなく、市場の声に素直に耳を傾ければ自然とそうなるはずである、ということを申し上げているにすぎません。

大量生産・大量消費時代を批判しながらも、結局、旧態依然たる資源消費型技術に立脚したビジネス展開を継続しようという現状維持型の対応は、その意味において経済運営の怠慢と言わざるを得ません。

それが横行する一つの要因は、現場に立っている人間の圧倒的多数が経営者ではないことにあります。

日本経済を左右する大企業は、そのサイズにおいて、いささか大きくなりすぎた、ということなのかもしれませんが、明日の経済を考える最先端で仕事に携わる人の多くが経営者ではなく、いわゆる中間管理職に位置する方々なのです。

この層に属して仕事をしている方々に、現状への否定や懐疑を発信できる立場の人は皆無と言っても差し支えないでしょう。現状維持を大前提とし、そこに多少の改善策を弥縫《びほう》的に織り込むことで自らの付加価値として経営陣に提案する。ナンバー2以下の経営陣もまた、自らの在任期間中に新たなリスクを取らないことを良しとする妥協的な対応に終始するばかりです。

この構造の内側（つまり中間管理職）には、個人としてどれだけ優秀であっても、日本を変える、社会を再活性化する、仕組みを見直すといった取り組みに優先順位を置いて勝負する人が、そもそもほとんど存在できない仕組みになっているのです。

それを打破できるとすれば、新しい価値に魅力を感じてくれるオーナー経営者ではないだろうかというのがこれまでの私の見方でした。資源循環高度化法によって、この景色が多少なりとも変わってくる可能性が高まったように感じています。

循環経済についても、自分たちは何のために新しい技術開発を進めようとするのか。それが新たな技術で新たなビジネスを拓くためであり、ひいては日本経済を根本から変えるためである。そこまで割り切ることで聞こえてくる市場の声を真摯に聞くところから、技術開発への真の取り組みが始まるのです。

そうすることで、たとえば資源循環がもたらす価値やカーボンニュートラルへの貢献に対する評価がそもそもどのようなものなのか、皮膚感覚を以て理解できるようになります。

今までは気づかなかった、いや気づこうとしなかった価値かもしれません。でもそれらを前提とすることで、見えてくる明日こそが技術開発を導く羅針盤になるのです。

これを可能にするためには、「新しいスペースの匂い」とでもいった気配に対して敏感になることがカギになります。新しいスペースがどのあたりに潜んでいるのか。

いわゆる静脈産業には、戦後長きに渡って大量生産・大量消費経済の陰に隠れ、成り行き任せの廃棄物処理を生業としてきた分だけ、未来を考える議論が手つかずになっているという未開拓領域が残されています。

実はこれが「新しいスペース」につながる可能性を持っているのです。それは「循環」に立脚して明日の日本経済を考えるうえで絶好のチャンスであるとも言えるのです。

新法を機会と捉え、そこに強みをぶつけるためには今こそ技術と人財への投資をしっかりと考えていただきたいというのが私の心からのメッセージです。

経済の循環化をむしろ静脈産業の側から提案することでその道が開けます。日本経済を質的に改善する取り組みは、静脈産業にこそ提案できるものなのです。

静脈産業は、儲かる大きなビジネスへ

新法を受けて、すでに静脈産業では規模の経済を目指す動きが広がりつつある要素も垣間見えますが、今のところ業界内での提携や事業承継がらみのM&Aが主体です。

2024年段階では、この本が提案しているようなこれまでにないバリューネットワークを加速させるような、業界を横断した連携はいまだ多くない状況ですが、それもほどなく変わってゆくことでしょう。循環を志向する企業グループには必ず静脈系の会社が入っている、それが当たり前とされる日はもう遠くないのかもしれません。

技術開発が後押しする業際的な連携は、すでに水面下でいくつもの事例が検討され始め

ています。それほど遠くない先に、雪解けを待って一斉に芽吹く北国の花々のごとく、それらは花を咲かせます。静脈から循環へ、自らの経済モデルを再設計するための好機が、今訪れていることに気付いている経営者はまだそれほど多くありません。

ひとつ気になるのは、そのような水面下の議論において少なからぬ識者が「循環経済を主導するのは動脈産業のメーカー側である。なぜならメーカーこそが製品に関する情報を最も潤沢に持っているからである」という主張をされている点です。

果たしてこれは本当でしょうか？私が考えるのは、「確かにメーカーは、自社製品に関する情報は潤沢に持っているかもしれないが、廃棄物及びそれにまつわる物語を最もよくわかっているのは静脈側ではないのか」ということです。

張り込みに当たる刑事が、ゴミ捨て場を見て容疑者の暮らしを推定するように、長く使用され廃棄された製品にはその段階でしか確認できない様々な情報が溢れています。

自動車解体業に勤める方の間では、どのメーカーの塗装が強く、どのメーカーの車体が壊れにくいかなどの情報がごく当たり前のように認知されているそうです。毎日何百台というクルマを潰したり破砕したりする作業の中で、車体強度や塗装品質などについても自然とメーカーごとの特徴が分かるのだそうです。

そのような情報をフィードバックして、メーカーが自社の製品を改善しようとするような取り組みは、ごく一部では取り組まれている事例もあるようですが、日本経済全体が裨益《ひえき》するようなシステムには全くなっていないのが現状です。

そのような「価値や情報の循環」こそが、明日の経済を拓く新たなスペースである、技術開発の向かう方向性はそこを向くべきではないのか、そしてそれこそが「経済の循環化」の本質である、というのがこの本を通じて私が最も言いたかったこと、なのです。

動静脈連携から始まる未来予想図

近未来の日本経済に訪れる、大きくはないかもしれないが確実な変化について申し上げると、いわゆる動静脈連携が進むことと合わせて、それぞれのモデルがカスタマイズされてゆき、最終的には「えっ?」というようなところで新たな価値創造がなされている場面に出会うようになります。

具体的には、そう遠くない将来に、たとえばビール工場の庭先でCO2を出さない石灰が作られているようになります。そこへ原材料として持ち込まれているのは建築廃材だったりするのですが、他方で製品となる炭酸カルシウムの出荷先はなんとタイヤメーカーだったりする可能性があります。すべて未利用資源の再利用という循環経済モデルの一端を構成する展開なのですが、このようにホンモノの「脱炭素型都市鉱山」は意外なところに登場するはずです。

そうなると、もう単純な動静脈連携という言葉では括れない、複合的・多重的な循環連携構造が実現するということです。そういうふうにして、日本経済はそのモデルを根源的に変化させてゆく。そこにこそ、新たなスペースが生まれ、全く新しい商機が見えてくるのです。このようにして、カーボンフリーやカーボンネガティブな素材は、高度化する循環経済から次々と生み出されてゆくことでしょう。

異業種のさまざまなユーザーからの引き合いが相次ぎ、営業的にはそのネットワークを生かす取り組みが求められるようになります（前述のとおり、循環経済の世界では「バリューネットワーク」と呼ばれています）。未来の循環経済は、バリューネットワークを制する者が市場を制する、と言っても過言ではありません。

事実、先行的な動きとしてすでに自らのバリューネットワークを囲い込むような企業再編の動きも出はじめています。安定供給や品質を約束しあえる者たちの集まりが一つの企業集団を形成してゆくのはむしろ自然な動きだと言えます。

全くの異業種・異業態とのアライアンスにも堂々と取り組めるようなバックグラウンドを、循環経済モデルはさも当たり前のように提供してくれるのです。

ところが、今のところ多くの静脈産業は外との付き合いが苦手です。研究会などで、いわゆる資源業界の方々とお話ししていると、普段の付き合いがどれだけ閉鎖的なものになっているのかがよく分かります。

「社外の方々とのお付き合いはありますか?」

「ありますよ!うちは特に外との付き合いを大事にしています。県の○○資源産業会、○○資源協会、○○資源全連、○○資源協議会など、忘年会は毎年忙しくて大変です!」

でもそれって、全部業界つまり身内との付き合いではないですか?

そのふるまいがすなわち、業界の外とのカベになっていることにどれだけの問題意識が向けられているのでしょうか。もしかするとまったく問題だと思われていないのかもしれません。

この本を読まれた方にはこの点を強く訴えたいと思うのが、業界「外」との付き合いを恐れないでいただきたいということです。

今申し上げた新しい展開の先に待っているのは、むしろ「外」との付き合いであるわけですから。現状との乖離を恐れることを克服できるかどうか。新しいスペースでのサッカーに勝てるかどうかは、まずそのような意識の改革にかかっていると言えるでしょう。

そこで見えてくるのが、業界を超えたお客様の本当のニーズです。

例えばそれは品質面の細かい要求かもしれませんし、安定供給の担保かも知れません。テーラーメイドな仕立てかもしれませんし、１００時間ぶっ続けで使ってもびくともしない堅牢性かもしれません。

そこまで拾ってバリューネットワークを作り上げることこそ、循環経済モデルを仕上げるためには不可欠だと思うのです。

循環経済は、最終的に脱炭素を加速しないかもしれない

これもまた、２０２４年現在で言われていることとはだいぶ方向性の違う話です。

ここまでこの本もそういう前提でお話をしてきましたが、資源循環が進めばカーボンニュートラルも確実に進むはずである、というのが大方の認識だからです。

一般論として、確かに再生材はバージン材に比べてカーボンフットプリントが低いはずだ、だから資源循環は脱炭素に資するはずである、という議論はおおよそ正しいと言えま

す。ですので、経済の循環化が進めば全体として脱炭素への移行が進むと期待されているわけですが、ここで気になるのが「カーボンプライシング」という仕組みの話です。

このうち炭素税はある程度の効果が期待されますが、炭素に市場価値を付与するカーボンクレジットと排出権取引についてはまだよくわからないところがあります。

クレジットが持つプレミアム性については、そもそも市場における価格のアップダウンを逃れることはできませんし、さらに言うと技術革新によって排出削減が進めばそれだけクレジットの需要が低下する、つまり価格が下がるものと考えられるからです。

導入時に華々しく高値がついたカーボンクレジットがその後の排出量削減進展に伴って市況的に低迷するというような場面が、やってこないと考える方こそが非現実的だということです。

それでも私たちは循環へ向かうのか

カーボンニュートラルはある程度経済の循環化を後押しするかもしれないが、その未来は意外に限定的であるかもしれない、という予想を申し上げました。それでもなお、経済は本当に循環化への歩みを止めないのでしょうか。

序章の議論に戻ることになりますが、資源制約が一つのきっかけになるという議論は古くからあります。具体的にはＥＶ（電気自動車）生産の増加に伴う銅やレアメタル類の需給が言われていますが、専門家の間ではこれらの資源を開拓したくても、もはや地球上に有望な鉱脈を見つけるのは難しい、という説が支配的です。

そうするとリサイクルは確かに必要らしい、でもそれよりリユースのほうが、より高い残存価値を市場へ戻すことができる、ではどうすればリユースを促進できるのか。

リサイクルもまた、既存技術が最高レベルの成果を約束してくれているわけではありません。いささか言葉は悪いかもしれませんが、業界ではそもそもがリサイクルできるもの「だけ」リサイクルし、依然としてそれ以外は捨てているのが実態です。それを見ればとても「循環」などとは言えないレベルの直線的なフローがいまだあちこちに残っているのです。

その変化を決定づけるのは、ここでもやはり「顧客」でしかありません。顧客要求の変化が、最終的には循環経済でないものを受け付けなくなる、そのきっかけとなるのがカーボンニュートラルへの取り組みではないか、そしてさらに生物多様性や人権についても「価値化」が進む中で、いずれの課題に対しても循環経済が積極的な答えになってゆくというのが私の見立てです。

その最初の取り組みが脱炭素だと思うのですが、であればこそなおのこと、現状の取り組みを克明に記録しておくべきでしょう。そうすることで連続的な課題対応に対して備えることができるのです。

さらに言えば、その流れに対応しない事業者に残された選択肢は、撤退やまたは大企業の傘下入りなど、そのいずれもがネガティブな将来でしかなくなるということを、厳しいようですが申し上げておきたいと思います。

カーボンニュートラルの価値をしっかりと拾うには

長い目で見ればその価値は減少するかもしれないと申し上げたカーボンニュートラルですが、逆に言えばここしばらくはしっかりとした経済価値を伴った評価の対象として扱われることになります。

ＣＯ２排出量について、俗にＧＨＧプロトコルと言われる情報開示法の枠組みを提案したWorld Business Council for Sustainable Development（ＷＢＣＳＤ）によると、企業がその行動によって削減できる排出量には3種類あると言われています。

それは①削減された排出量、②回避された排出量、③マイナスの排出量のことで、一つ目の「削減された排出量」とは、企業が省エネなど自身の努力によって削減した排出量のことを言います。

二つ目の「回避された排出量」とは、企業が提供する技術を使って第三者が削減した排出量のことを言い、三つ目の「マイナスの排出量」とは大気中のＣＯ２を活用して新たな資源を化学的に製造するなどの技術によって大気中から除去したＣＯ２のことを言います。

たとえ市場での取引価格が低迷することがあったとしても、ＧＨＧプロトコルをはじめとするこれらの枠組みはしっかりと残ってゆくことでしょう。

なぜならその枠組み自体が悪さをしているわけではないことに加えて、価格の上げ下げはあったにせよ、枠組みのおかげで新たな価値を取引できるようになるからです。

考えてみれば全く当たり前の話なのですが、価格の乱高下に騙されることなく、新しい枠組みについては先んじてしっかりと勉強することが重要です。そうすることによってこそ、カーボンニュートラルが提供する価値をきちんと拾うことができるようになるのです。

経営者がしなければならないこと

ある意味ではもう明らかだと思うのですが、ここで経営者がしなくてはならないこととは、社内外に対して新しい動きへの取り組みを旗幟鮮明に示すこと、に尽きます。

それがサラリーマン社会の習いなのか、あるいは日本人的な対応なのかはわかりませんが、経営者からの指示がないと皆揃って右左をキョロキョロと見始めます。見るばかりでだれも新たな動きを先取りしようとはしない。コンサルタントをしていると時々嫌になるのですが、様子見を決め込むことで大事な商機を失いかねないのに、自ら動き出そうとする人はごく稀です。

でもそこに経営者の指示があると状況は一変します。ビジネスマンにとって経営者の指示はまさに「錦の御旗」ということなのでしょう。

錦の御旗を得た後の動きが見違えるのは、自らだけでなく後に続く人たちに対しても積極的になれるからだと言えます。チームが全力で動くために、経営者の指示はエンジンの働きをするとさえ言えるのです。

私が尊敬してやまない先達の一人である中村天風師は、「はっきりした気持ちで物事に臨む」ことの重要性を繰り返し説いています。

具体的には「わが社は循環経済に邁進するのだ」、「脱炭素型都市鉱山の開発こそわが社の行く道だ」という気持ちを経営者が内外にはっきり示す、そうすると社員たちの動きも自ずから統一される、ということです。

これが中途半端なままになっていると、社員もエネルギーが出しづらくなり、消極的な前例踏襲主義へと埋没してゆきます。それが数か月から数年続くと、前例は簡単にはひっくりかえせなくなります。

そうしたくなければ経営者たるもの、率先垂範して「はっきりした気持ち」を表に出すような経営行動をとることです。

明日からではなく今日ただいまから、内外への宣言を強く打ち出してください。

循環をおカネに変える

商機が見えて、意思決定がなされて、多くの社員がやる気になったとします。いよいよ「循環をおカネに変える」舞台が整ったわけですが、ここからの取り組みは個別事例によって大きく異なるフェーズです。

この本で紹介したような技術開発に賭ける事例は王道だと思いますが、すでに実現している循環に情報的な付加価値を付けて勝負する、あるいは海外への技術協力で勝負する、というような事例も出てくるはずです。いずれについても不可欠な要素は「循環をおカネに変える」取り組みへのはっきりした決意です。

特に注目されるのは、T社の事例でも触れた「新たな循環チャネルの創出と定着化」です。かつてない商流を創出するだけに、大きな機会＝ブルーオーシャンになることが期待されるからです。

その際にパートナーシップを組むべき新たなプレーヤーとの関係作りの重要性は、何度も繰り返して申し上げている要素ですが、最終的に成否を左右する強い影響力を持つものになるはずです。

今から伸びるのは静脈産業だ

本書が取り上げたような「経済の循環化」が、脱炭素への要求と相まって注目され出したのは、ここ数年のことだと思います。

資源循環、あるいは廃棄物問題の解決という視点に立った取り組みは、長いこと続けられてきた歴史がありますが、経済そのものが循環化するというレベルの取り組みは新しいものだと思います。

成熟したものづくり産業と、それを支える国民の高齢化や人口減少は、もはや製造業に新しい成長機会が訪れるという環境にはありません。

その意味では静脈産業も同じなのですが、何と言っても静脈産業にはこれまでほとんど手が加えられていないという、業界デザインの処女地としての魅力がまだ残っているのです。それを今日あるべき姿＝循環経済に合わせて見直すことで、この本がご案内したような成長機会を、驚くほど簡単に目指すことができるようになるのです。

ゴミがおカネに変わるとき、社会も変わり出すことでしょう。そしてその変化を先導する経営者にこそ、勝利の女神が微笑むことでしょう。その意味でも経営者本人からの積極的な情報発信を強くお勧めします。

第八章のまとめ

- お客様のニーズを優先することによってのみ市場創造が可能となる。
- 受容された提案はすぐさま付随する次なる価値を要求する。
- 閉じた循環をリードできるのは静脈産業である。
- 脱炭素都市鉱山開発の動きは循環を後押しする。
- 経営者が考えるべきは「如何に循環をおカネに変えるか」という課題である。

懇談会　インターンシップと技術開発の関係

参加者：高専教員A先生　B先生／学生C君　学生Dさん／西田

西田：今日は課題発見型インターンシップを通じて企業の現場を経験したC君とDさんの学生お二人と、引率教員として参加いただいたA先生、B先生にご参加いただいています。これから本インターンシップがもたらすこれまでになかったメリットと、今後の展望や課題について皆さんのご意見を伺いたいと思います。

A先生：「課題発見型インターンシップ」は、これまで多様な企業のニーズにフォーカスした形で実施してきましたが、どこでも期待を超える成果が上がり、企業側から大変高い満足度が示されています。

学校側としては、西田さんを中継点として課題の絞り込みがしやすい形で企業に関心を示してもらえたことや、準備段階での調整をきめ細かく対応できたことなどがポイントだったのかなと考えています。

他方で、期待値が大きすぎて課題が複数に分散し、結果的に中途半端な成果に止まるという懸念も観察されているので、今後の運用については『課題をなるべく絞ること』に注意して実施できたらと思っています。

B先生：学生三名で同時に同じ会社へ伺うという、これまでになかった方法が明らかな効果を挙げていると観察しています。

学生にとっては、現場と言う非日常空間そのものに遭遇して、どう対応してよいか一人だとそれが解らないうちに終わってしまいかねないところ、三人いるのでお互いに話しながらその空間に適応して、なおかつ自分が気付かない発見を相互に交換することで発想が刺激されるという、僕から見ればとても羨ましい経験をしているなあと思います。

C君：この制度が他のインターンシップとは違うということは事前に聞いていました。準備ミーティングの時にある程度会社の情報をもらえていたので、準備をして臨んだつもりだったのですが、現場に行って改めて基本となる化学の知識などの大切さを感じさせられました。

Dさん：普段の学校での勉強では全く触ることのないような器具やサンプルをあれこれ取

り扱うのはとても新鮮に感じました。同じものを見ていても、参加者のコメントが違うので、人によって見え方が同じじゃないんだということを改めて感じました。報告書をまとめる時にもそのあたりを表現するのにちょっと苦労しました。

西田：それでは学生の皆さん方にとって、参加したことによる具体的なメリットがあったら聞かせてもらえますか？

Dさん：実際に企業がどのような問題意識を持って事業を行っているのかを肌で感じることができたのは大きかったと思います。検査工程を一緒に体験させてもらったあとの振り返りの時などでも、本当にこれで十分なのか、もっと違う視点で検査できるのではないか、といった私たちの発想に一つ一つ丁寧に答えていただけたのはすごく印象的でした。

C君：僕が取り組んだのは企業における分析業務だったのですが、それが技術の知財化にもつながる要素ということで、インターンではあったのですが、ちょっと責任を負っている？みたいな感触が味わえたことが良かったです。

会社の方々も、データの中身についてあれこれ聞いてくれて、僕の説明に納得していただけたようなので、そこは貢献できた感があって良かったと思っています。

西田：なるほど。先生方からはどのような評価になりますか？

B先生：今回のインターンシップで課題解決のために提案した技術は、僕の研究分野では何ていうことのない、コトバは悪いかもしれませんがちょっとショボい技術なんですよ。でもそれを、学生さんの発想で現場に応用してみると、これまで解決できなかった課題を真正面から解決することができた。そのアイディアを出してくれたのがインターン生だったのですが、その意味では最も重要な役割を果たしてくれたと思っています。

A先生：教育の世界ではProject based Learning（ＰＢＬ）と言われているのですが、具体的なタスクを背負った教育という取り組みがあります。今回のインターンシップこそ、

PBLそのものだったように思います。企業が抱えている課題を解決するための、問題解決側の課題を見定めるのがインターンシップの役割で、そこから出てきた発見を基に私たちが共同研究を提案する、という流れになるわけです。西田さんのようなコンサルタントにその間をつないでもらうことで、取り組みは実にスムースに進めることができたと思います。

西田：最後に、今後の展望についてお聞かせください。

Dさん：私は、今回のインターンシップを通じてそれまで若干遠くに思えた就職と、就職後のキャリア形成みたいなものが何となく見えた気がしました。インターン先にお世話になるかどうかはまだ決めていないのですが（笑）、その可能性も含めて継続的に考えてゆきたいと思います。

B先生：私が考えているのは、異分野への取り組みをためらわない、ということに尽きます。これまで、どうしても自分の研究領域の中だけで先々を考えるという癖がついていたのですが、技術を使う機会というのはまるで異なった領域にも多様な形で存在していること、そしてむしろその方が価値につながる可能性が高いかもしれないことが体験的に理解できたので、異なる業種における課題解決にこそ技術活用の機会が眠っていることを意識してゆきたいと考えています。

C君：僕は、今回お世話になった会社さんに就職しようかなあと考えています。分析の結果が新たな技術開発につながるとして、是非その先を見てみたいという気持ちが強いです。よくA先生が「社会を変える技術」と言っているのですが、具体的にそうなる可能性のある技術に携われるとすれば、それはとてもワクワクする機会だと思うので。あ、無事に卒業できたらの話ですけど…（笑）。

A先生：今C君が言ったように、「技術で社会を変える」という視点はすごく重要だと思っています。それが具体的にどのような社会をもたらすのか、可視化できている要素はごく限られるかもしれませんが、インターンシップを通じて会社さんの側にも社会変革につながるビジョンを共有していただければ素晴らしいと思っています。

西田：全く同感です。「課題発見型インターンシップ」を通じて学生さんたちが提供していただいた新しい発想やモノの見方は、大きく言えば企業にとって「未来への扉」みたいな性格のものだったのではないかと思っています。

私としては是非この成果を様々なチャネルを通じて世の中に紹介することで、少しでも多くの企業にそのメリットを感じてほしいと思っています。

終章　循環経済がもたらす未来図について

この本の最初に提示した、脱炭素要求と資源制約をDXで解決する社会とは、私たちのQOL（生活レベル）を維持向上させつつも、環境負荷を含む社会的なコストを下げて行くという、いわゆる「デカップリング」を目指す社会です。

大量生産・大量消費を基礎として成立した経済そのものを見直し、いわば社会全体で一斉に「ムダ取り」に取り組むというようなイメージが分かりやすいかもしれません。

この取り組みにどうしても既視感が漂うのは、「ムダ取り」で成果を挙げて世界に冠たる経済大国を作り上げた昭和の残照が、まだ日本経済全体に色濃く残っているせいではないかと思います。

他方で昭和の「ムダ取り」は、あくまで製造業を中心とした民間企業単位の取り組みであり、社会全体が資源効率を追求するようになる、というところまでは進みませんでした。そこまでの必要性に迫られていなかったから、だと言えます。

この点をはっきり申し上げると、社会のムダ取りを、全員参加で実現して行こうとするのが循環経済で、この本でも繰り返し触れた通り循環というからには「閉じている」ことが想定されています。

つまり、「閉じられないことには循環が成立しない」のですから、ほぼ自動的に循環経済のイニシャチブを取るのは「最後に循環を閉じる人」になるはずです。

今の立ち位置で言えば、「静脈産業」に位置する方々がもっともそれに近いと言えます。そこまでのビジョンを持って仕事に取り組んでいる静脈産業の方はまだ多くないと思いますが、脱炭素と資源制約に伴って日本経済を待ち受ける変化が静脈産業にとっての大きなチャンスになることは全く疑いようのない話なのです。

脱炭素と資源効率化が儲けになる

令和の循環経済には、脱炭素要求に重ねて資源制約ともうまく付き合ってゆかなくてはならないという縛りが課されています。

いかに効率的な資源活用をするのか、が大きなポイントになってくるということです。

これまでバリューネットワークの意思決定はＱＣＤすなわち品質（Ｑ）・コスト（Ｃ）・時間（Ｄ）が問われるばかりで、資源効率は二の次だったのですが、これからはネットワークの要求として、時間に加えて資源効率（Efficiency）が意思決定要因に加わってきます。資源効率性、そして低炭素化（Environment）などの指標を入れることでネットワークの選択を獲得できるようになるということです。

ＱＣＤがＱＣＤＥＥへと変化する流れの中で、果たして静脈産業が経済のリーダーシップを取る時代が来るのでしょうか。

「脱炭素型都市鉱山の開発」が、そんな時代の旗印になってくれることを期待しています。

この本をお読みになられた静脈産業の経営者のうち一人でも二人でも、明日の日本経済をリードする気概に満ちた方々とご一緒に仕事ができる日がくることを、私は強く希望しています。

終章のまとめ

- ●循環経済はＱＯＬと環境負荷とのデカップリングを目指す。
- ●循環経済は社会全体で取り組む「ムダ取り」である。
- ●脱炭素と資源効率化が儲けに変わる。
- ●ＱＣＤに資源効率と環境負荷を加味して取引先が決まるようになる。

巻末資料

P73「基礎的な勉強」、P80「リカレント教育」

新しい技術が導入されたとき、「なぜそんなことが起きるのか」という原理的な部分を理解し、正しい運用を徹底させるためには、運転者に基礎的な学力が要求される場面が多くなります。具体的には光や熱に関わる物理や化学反応に関する基礎的な知識が必要となるのですが、学校を卒業して何十年も知識に触れずにいると、肝心の基礎知識があやふやになっていて、それが遠因となって正しい運転ができないリスクが高まります。

これを克服する取り組みが「リスキリング」「リカレント教育」と呼ばれるもので、基礎的な化学や物理の知識をスポット的に提供してくれるものです。高専は、学生の半分以上が高校生と同学年という学校なので、リカレント教育のパートナーとしてはうってつけの存在です。全国的に制度化されている事例はまだありませんが、ご興味がおありでしたらお近くの高専にご相談されては如何でしょうか。

P76 人財循環

共同研究に関わった学生が採用後も継続的に同じテーマに取り組んだ後、学位取得を目指して復学し、その後管理職として復職すると言ったイメージのキャリアパスを「人財循環」と呼んでいます。企業にとっては、およそ十年程度の支援をコミットすることで、優秀な人材の長期雇用につなげることができるという考え方です。「経済の循環化」は、人財にも及ぶのです。

P114　学校訪問時のチェック項目

次ページに図を掲載。

P191他　複合循環

この本では、T社の事例のように未利用資源（アルカリ排水と廃石膏）を再資源化することで、その便益（石灰と炭酸カルシウム）が複数の異なる業種（ガラス業界、ゴム業界）に展開されることを「複合循環」と呼んでいます。その意味ではスクラップ金属の再資源化はさまざまな業種を裨益させていますので、すでに「複合循環的」ではあるのですが、化学の分野で複合循環を捉えてみると、T社の事例のように、これまでなかったサプライチェーンが見えてくる場合があります。

学校訪問時のチェック項目

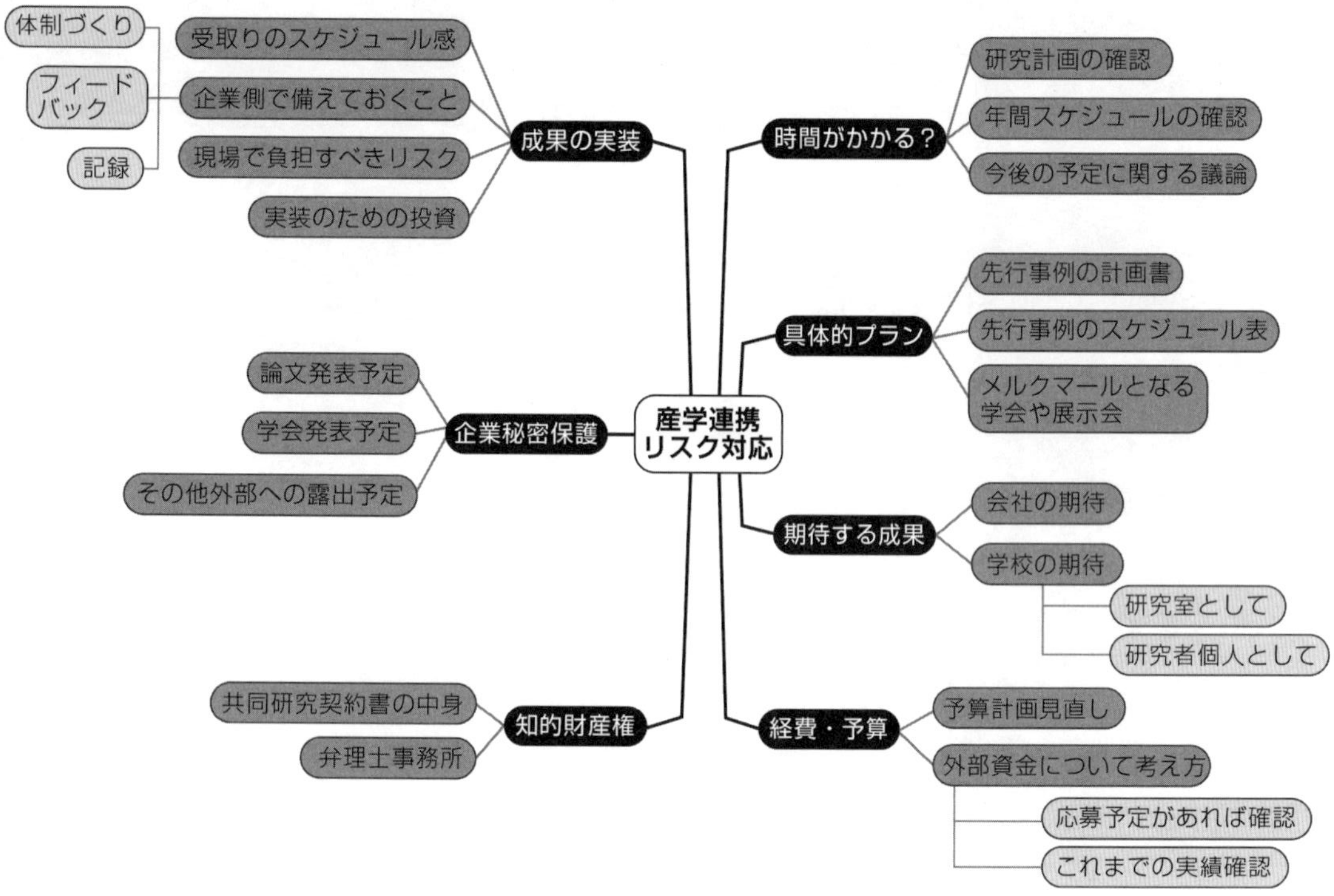

あとがき

どうしても循環経済についての本を書きたい、と心底思うようになったのは２０２３年秋、この本でも触れたＴ社の１３０周年記念事業に関わった頃だと思います。

それから約半年、温めていたものをようやく形にすることができました。


脱炭素、資源制約、そしてＤＸ。

日本の静脈産業を取り巻く経営環境は急速に変化しています。

循環経済がその変化を勝ち抜くうえで強力な武器になることを、私はもう何年も前から発信し続けてきました。


それまではセミナーや研究会などを通じて情報発信に努めてきたのですが、人数的に限られた方々への発信だけでなく、もう少し広く私の考えをお伝えしたいという思いが強くなったことが本を書く直接の動機となりました。

ちょうどそんなときに耳にした「資源循環の促進のための再資源化事業等の高度化に関する法律」のニュースも強力な後押しになりました。

経済全体を循環化する、そのためのカギはネットワークを束ねるリーダーシップに加えて、コアとなる技術開発にある、その具体策としての産学連携についてお伝えしつつ、ついでに人材確保についても語ってしまおうという、実に欲深なコンセプトの本になったわけです。

その具体的なイメージを「脱炭素型都市鉱山の開発」というコトバに託しました。

環境ビジネスに関わっていて、これほどパワフルなフレーズに出会う機会もそう多くないと思っています。

日本経済の循環化は、まさに千載一遇のビジネスチャンスなのです。

この本で取り上げた産学連携による技術開発は、どれもまさに試行錯誤の連続でした。クライアント各社にはずいぶんとお待たせしてしまったことがありました。

おかげさまで今、一つずつではありますが、成功への力強い展開を見せてくれています。

もうひとつ、クライアント各社が一様に高い評価をしてくれたのは、インターンシップで学生さんからほとばしる若い発想と、それを形にしてくれる先生方の研究努力の質の高さでした。

ぜひもっと多くの会社にそれを活用してほしい、というのは、これらの個別事案で味わった成功体験に基づく思いだったのですが、本書ではそれだけでなく、産学連携が内包するさまざまなリスクについてもしっかりとお伝え出来たのではないかと思っています。

サーキュラーエコノミー関する概念的な著作はこれまでも数多くありましたが、具体的な事例を踏まえた成功ノウハウを前面に出した本はおそらく初めてではないかと自負しています。

あえてこの本で取り上げなかったのが、ＣＯ２排出量の算定に関する話題です。しかしながらこの部分は「脱炭素型都市鉱山」を標榜する以上、避けて通れないテーマです。これについては当社セミナーで継続的に取り上げていますので、ご興味のある方はぜひそちらを受講頂ければと思います。

執筆に当たっては、モデルとなった各社の経営者に匿名での事例参照をご快諾頂いたことが大きな力になりました。またサーキュラーエコノミー広域マルチバリュー研究会の原田幸明先生、京都先端科学大学の西條辰義先生には大きなインスピレーションをいただきました。循環経済協会の中村崇先生、そして協会の皆さんからもたくさんの知恵をいただきました。さらに東京大学の梅田靖先生からも大きなヒントを頂く機会がありました。㈱オシンテックの小田一枝さんには細かな表現を含めたアドバイスをいただきました。また産学連携と人材育成に関わる個別事案については、富山高等専門学校の袋布昌幹先生、的場隆一先生、山本桂一郎先生にも大変お世話になりました。㈱アイアールユニバースの棚町裕次さん、川合美沙緒さん、金重宏一さん他の皆さんにもたくさんの情報をいただきました。毎日仕事を見守ってくれていた家内の万智子を含め、皆さんにこの場を借りて厚く御礼申し上げます。どうもありがとうございました。

これからも現場で得た知見を大切に、クライアントの皆さんと確かな未来図を共有するコンサルティングを続けてまいります。

2024年夏　オフィスにて

合同会社オフィス西田　チーフコンサルタント　西田　純

著者　西田純（にしだじゅん）

社会課題の解決に取組みながら、自社も大きく成長する提案に特化した「オルタナティブ経営コンサルタント」

ＳＤＧｓを参照した「インパクトマーケティング」による新たな事業機会の創出と、それを実現させる産学連携による技術開発の提案と人財獲得に豊富な実績を有している。カーボンニュートラルへの取組みを機会に新しい市場開拓に挑む経営者から高い評価が相次ぐ。

前職では国連機関職員として複数の多国間環境条約に関わってきたが、社会変革に取り組む中小企業経営者をサポートしたいとコンサルタントを開業した。

ＭＩＲＵ．ＣＯＭ「脱炭素の部屋」人気コラムニストとしても知られる。

国立富山高等専門学校シニアフェロー、秋田大学国際資源学部・武蔵野大学環境大学院非常勤講師。サーキュラーエコノミー・広域マルチバリュー循環研究会幹事、一般社団法人循環経済協会会員。

１９５９年生まれ、北海道大学経済学部卒。

合同会社オフィス西田　チーフコンサルタント。連絡先：nishida@officenishida.biz

小社 エベレスト出版について

「一冊の本から、世の中を変える」——当社は、鋭く専門性に富んだビジネス書を、世に発信するために設立されました。当社が発行する書籍は、非常に粗削りかもしれません。熟成度や完成度で言えばまだまだ低いかもしれません。しかし、

・リーダー層に対して「強いメッセージ性」があるもの
・著者の独自性、著者自身が生み出した特徴があること
・世の中を良く変える、考えや発想、アイデアがあること

を基本方針として掲げて、そこにこだわった出版を目指します。

あくまでも、リーダー層、経営者層にとって響く一冊。その一冊から経営が変わるかもしれない一冊。著者とリーダー層の新しい結び付きのきっかけのために、当社は全力で書籍の発行をいたします。

循環経済でゴミをお金に変えて儲ける方法

定価：本体3、080円（10％税込）

2024年8月8日　初 版 印刷
2024年9月2日　初 版 発行

著　者　西田純（にしだ じゅん）
発行人　神野啓子
発行所　株式会社 エベレスト出版
〒101-0052
東京都千代田区神田小川町1-8-3-3F
TEL 03-5771-8285
FAX 03-6869-9575
http://www.ebpc.jp

発　売　株式会社 星雲社（共同出版社・流通責任出版社）
〒112-0005
東京都文京区水道1-3-30
TEL 03-3868-3275

印　刷　株式会社 精興社　　装　丁　MIKAN-DESIGN
製　本　株式会社 精興社　　本　文　北越紀州製紙

ISBN 978-4-434-34412-1